建筑科普丛书

中国建筑学会　主编

建筑的文化理解
——时代的反映

秦佑国　编著

U0211540

中国建筑工业出版社

建筑科普丛书

策　　划：仲继寿　顾勇新

策划执行：夏海山　李　东　潘　曦

丛书编委会：

主任委员：修　龙

副主任委员：仲继寿　张百平　顾勇新　咸大庆

编　　　委：（以汉语拼音为序）

陈　慧　李　东　李珺杰　潘　蓉

潘　曦　王　京　夏海山　钟晶晶

总　序

建筑学是一门服务社会与人的学科，建筑为人们提供了生活、工作的场所和空间，也构成了人们所认知的环境的重要内容。因此，中国建筑学会一直把推动建筑科普工作、增进社会各界对于建筑的理解与认知作为重要的工作内容和义不容辞的责任与义务。

建筑是人类永无休止的行动，它是历史的见证，也是时代的节奏。随着我国社会经济不断增长、城乡建设快速开展，建筑与城市的面貌也在发生日新月异的变化。在这个快速发展的过程中，出现了形形色色的建筑现象，其中既有对过往历史的阐释与思考，也有尖端前沿技术的发展与应用，亦不乏"奇奇怪怪"的"大、洋、怪"建筑。这些现象引起了社会公众的广泛关注，也给建筑科普工作提出了新的要求。

建筑服务于全社会，不仅受命于建筑界，更要倾听建筑界以外的声音并做出反应。再没有像建筑这门艺术如此地牵动着每个人的心。建筑，一个民族物质文化和精神文化的集中体现；建筑，一个民族智慧的结晶。

建筑和建筑学是什么？我们应该如何认识各种建筑现象？怎样的建筑才是好的建筑？这是本套丛书希望帮助广大读者去思考的问题。一方面，我们需要认识过去，了解我国传统建筑的历史与文化内涵，了解中国建筑的生长环境与根基；另一方面，我们需要面向未来，了解建筑学最新的发展方向与前景。在这样的基础上，我们才能更好地欣赏和解读建筑，建立得体的建筑审美观和赏析评价能力。只有社会大众广泛地关注建筑、理解建筑，我国的建筑业与建筑文化才能真正得到发展和繁荣，才能最终促进美观、宜居、绿色、智慧的人居环境的建设。

本套丛书的第一辑共 6 册，由四位作者撰写。著名的建筑教育家秦佑国教授，以他在清华大学广受欢迎的文化素质核心课程"建筑的文化理解"为基础，撰写了《建筑的文化理解——科学与艺术》《建筑的文化理解——文明的史书》《建筑的文化理解——时代的反映》3 个分册，分别从建筑学的基本概念、建筑历史以及现当代建筑的角度为读者提供了一个认知与理解建筑的体系；建筑数字技术专家李建成教授撰写了《漫话 BIM》，以轻松明快的语言向读者介绍了建筑信息管理这个新生的现象；资深建筑师祁斌撰写的《建筑之美》，以品鉴的角度为读者打开了建筑赏析的多维视野；王召东教授的《乡土建筑》，则展现了我国丰富多元的乡土建筑以及传统文化与营造智慧。本套丛书后续还将有更多分册陆续推出，讨论关于建筑之历史、技术与艺术等各个方面，以飨读者。

总之，这套建筑科普系列丛书以时代为背景，以社会为舞台，以人为主角，以建筑为内容，旨在向社会大众普及建筑历史、文化、技术、艺术的相关知识，介绍建筑学的学科发展动向及其在时代发展中的角色与定位，从而增进社会各界对于建筑的理解和认知，也积极为建筑学学生、青年建筑师以及建筑相关行业从业人士等人群提供专业学习的基础知识，希望能够得到广大读者的喜爱。

前　言

2007年4月23日，恰逢世界读书日，我应《建筑创作》杂志之约，写了一篇文章"我的读书观"。文中写道：

"我在讲《建筑与气候》的课时曾说，事关'生存'是一定要做的，至于'舒适'，人是可以'将就'的。"

读书也是如此。"读书"，早年有上学的意思，而在中国古代，上学读书的目的是谋求功名利禄，所以十年寒窗，头悬梁、锥刺股，刻苦读书。吃得苦中苦，方为人上人。读书是为了确立你的社会地位和经济地位。今天，读书的这种目的在中国似乎愈演愈烈。应试教育下，多少人，从幼童到成人，苦读书，读书苦，真是"事关'生存'是一定要做的"。

然而，读书不仅有苦，也有乐。"乐"不是指苦读书的功利目的实现后、"苦尽甘来"的那种乐，而是读书之中的乐，"乐在其中"的乐。五柳先生"好读书，不求甚解。每有会意，便欣然忘食"，陶醉得连饭都忘了吃。所以读书也可以从"兴趣"的角度出发，去"享受人类的文明"。

亦如上面提到的"至于舒适，人是可以'将就'的"，从"享受""兴趣"的角度去读书，就有很大的空间了：可读可不读，可多读亦可少读；有兴趣的就读，不感兴趣的就不读。

读书可以培育气质、提高修养。2004年我在《新清华》上发表了一篇文章，说到大学教育不仅要讲"素质"，还要讲"气质"，不仅要讲"能力"，还要讲"修养"（人文修养、艺术修养、道德修养、科学修养）。在学校方面，"气质"和"修养"教育，一是校纪、校规的"养成"，二是校风、环境的"熏陶"，三是教师的"表率"。而学生个人方面，培育"气质"、提高"修养"，读书是重要的方面。当你在为职业和工作的目标而读书，学习知识和技能的同时，去"享受"和"拥抱"人类的文明，去接受人文、艺术和科学的养分，既培育了气质，提高了修养，也获得了乐趣，这不是一种很好的生活方式吗？

2006 年秋，清华大学启动了"文化素质教育核心课程计划"，要求对本科学生加强文理（art and science）通识教育，而这在许多国际名校是很早就有的。例如哈佛大学就为本科生开设"核心课程"（Core Curriculum）152 门（1996 ~ 1997 学年）。2009 年，我结束了面向全校已教授 5 年的"新生研讨课"（freshman seminar），开始了"文化素质教育核心课——建筑的文化理解"的讲授。

这门课面向全校非建筑学专业的本科生，介绍建筑学的定义、概念、构成因素，以及建筑原则、学科构成、审美原理；通过外国传统建筑发展历史的讲述，阐明建筑与社会、宗教、文化的关系；讲述中国传统建筑的特征，并以重要的古建筑遗存，阐述中国传统建筑的历史；20 世纪建筑以现代主义建筑发展为主线，随时代而演变，并显示建筑师个人风格的变化；建筑具有鲜明的时代特征，百年来中国建筑风格的演变，反映了中国各个时代的政治和社会的变化；建筑具有艺术与技术结合的特点，通过建筑细部设计和工艺技术，阐述建筑技术对建筑艺术和建筑审美的作用；中国正在经历城市化的进程，阐述如何营造城市特色，避免"千城一面"。最后一讲，讲述中国第一位女建筑学家林徽因精彩而又坎坷的人生和在建筑学上的成就，表现了她作为中国典型知识女性的文化修养与专业成就、人格魅力和学术精神的完美统一。

通过课程学习，让喜爱建筑的本科学生对建筑有了初步的认识，对中外建筑发展的历史及其社会文化的动因有所了解，增强了建筑艺术的审美能力，提高了鉴赏品位，提升了建筑文化的修养，同时对中国当代建筑和城市建设的现实有了针对性的认识。

九年来，这门课一直为学生欢迎，由于受选课人数的限制，成了很难选上的"热门课"。2016年清华大学设立"新百年基础教学优秀教师奖"，第一届颁给了5名教师，我是其中之一，推荐我参评的是学校的"文化素质教育基地"。

在中国建筑学会的支持下，中国建筑工业出版社拟定了建筑科普丛书的出版计划，了解到我开设的这门课面向非建筑学专业学生，用平常的语言讲述，适合"建筑科普丛书"的定位和读者群，于是希望把我讲的这门课写成书，我答应了。

书稿整理过程汇总，由于图片数量太多，编写成一册太厚，而且与丛书拟定的其他书篇幅相差太大，但删减内容和图片又"舍不得"。经讨论后，用《建筑的文化理解》总名出三个分册:《建筑的文化理解——科学与艺术》《建筑的文化理解——文明的史书》《建筑的文化理解——时代的反映》。第一册讲建筑概论和建筑审美;第二册讲外国古代建筑史和中国古代建筑史;第三册讲外国近现代建筑史和中国百年建筑风格的演变。

建筑艺术是视觉艺术，谈建筑离不开图片，三册书一共有上千张照片，不可能都是我自己拍照的。我到过的建筑，大都用我拍的照片，但因为天气、光线、视角等方面的原因，有时也会用他人拍的照片。我没有去过的建筑的照片，除了有一些是我学生拍的以外，绝大多数图片都是从已出版书籍中扫描或从网络上他人拍的照片下载而来。这是我要向原作者表示感谢，没有这些照片，我无法为学生开设这门课程，也没有可能编写这本面向普通读者讲述建筑的科普书籍，再一次地谢谢！

目　录

第一章

20世纪建筑风云

新时代要有它自己的表现方式，现代建筑师一定能够创造出自己的

美学章法

——格罗皮乌斯

20 世纪科学技术急速发展，社会生产空前膨胀，社会变革波澜起伏，民族民主道路崎岖，政治格局风云变幻，意识形态起伏跌宕，战争和平困扰百年，生态环境渐为主题。20 世纪是问题丛生的世纪，也是人类文明进入现代化的世纪。

建筑是文明的外显形式。现代建筑的发展，不仅清晰标示出人类文明现代化进程的轨迹，同时也界定并拓展着现代文明的表演舞台。20 世纪的建筑发展以现代主义为主线，又因时代、地域、国家和民族的不同以及建筑师个人的风格而五彩纷呈。

20 世纪现代建筑的发展历程，反映了人类现代文明全面运用理性原则替代经验原则再造世界的进程。在这一进程中，形式理性、技术理性和功能理性，是现代建筑发展的理论基础，而形式创新、技术创新与功能创新，构成了现代建筑的创作内容。20 世纪的建筑风云，映射出人类现代文明的恢弘气象。

现代建筑的萌发期（1851 年～ 1890 年代）

18 世纪末，英国的炼铁业迅速发展，铁被作为结构材料应用到温室花园、火车站站台。1851 年英国在伦敦举办第一届世界博览会，组委会要求九个月建成主场馆，没有一个建筑师敢于接受这么短时间就要完成的任务。这时盖过花园温室的园艺师帕克斯通接下了任务，他用铁框架和玻璃盖了一个巨大的"温室"，铁框架在工厂预制，运到现场装配，随后安装玻璃，九个月完成了。一个与传统风格形式不同的面貌崭新、晶莹剔透的建筑展现在博览会上，赢得了"水晶宫"的美誉（图 1-1）。

图1-1

伦敦世界博览会水晶宫

　　1889年是法国大革命100周年，巴黎举办了世界博览会。建筑工程师埃菲尔设计了高302米的铁塔。全塔共有钢铁构件1万8000个，重达1万吨，共钻孔700万个，使用铆钉250万个，装配时没出一点差错，中途没有作任何改动，可见设计之合理、计算之精确。还设计安装了四部载客的水力升降机。博览会另一个建筑奇迹是跨度达到108米的机械馆。埃菲尔铁塔和机械馆充分显示了工业文明的强大力量（图1-2）。

　　埃菲尔亲自把法兰西国旗挂上塔顶，宣称"法兰西是全世界唯一将国旗悬挂在三百米高空中的国家"。但当时巴黎人，包括很多学者名流持强烈的批评态度。据说著名作家莫泊桑时常在铁塔的二楼吃饭，因为"在这里是唯一看不到铁塔的地方"。但随着岁月的流逝，埃菲尔铁塔就像巴黎圣母院是古老巴黎的标志那样，成为现代巴黎的标志。

图1-2

巴黎世界博览会埃菲尔铁塔与机械馆

1851 年伦敦和 1889 年巴黎的两次世界工业博览会开启了以新材料、新结构、新功能和新形式为特征的现代建筑革命。

开始，工业工艺的粗陋和工业产品的缺乏设计，遭到了试图复兴手工技艺的"工艺美术运动"（Arts and Craft Movement）的诟病。"工艺美术运动"于 19 世纪中叶产生于英国。其背景是早期英国工业社会的种种弊病，引起了一股对中世纪田园生活的怀念。以恢复中世纪手工艺传统、提倡简洁朴素的设计风格，反对工业工艺和过分矫饰的洛可可风格为目的的思潮在英国工艺美术界蔓延。代表人物是拉金斯和莫里斯。

拉金斯在参观水晶宫时讥讽道："水晶宫确实巨大无比，但它只是表示人类能够建造这等巨大的温室而已。"莫里斯说水晶宫："好可怕的怪物！不愿再看下去。"

尽管"工艺美术运动"是向后看的，反对工业工艺，但它促使了工业工艺本身在"批判"中不断改进，以工业工艺为背景的现代审美观念逐渐成为社会的主流。

19世纪后期美国芝加哥出现高层建筑，起初建筑结构还是砖墙承重，即使采用了钢铁框架，但外观还是砖石建筑的古典形式和装饰。"芝加哥学派"打破了陈规旧习，探讨新技术在高层建筑中的应用，提出箱形基础、钢框架结构，在造型上简洁明快以符合新时代工业化的精神（图1-3）。

芝加哥学派突出了功能在建筑设计中的主导地位，明确了功能与形式的主从关系，提出"形式追随功能"（沙利文）。

图1-3

芝加哥里莱斯大厦与马凯特大厦

现代建筑的探索期（1900 年代～1930 年代）

新艺术运动

　　受英国"工艺美术运动"的影响，19、20 世纪之交，欧洲大陆出现了"新艺术运动"（Art Nouveau）。新艺术运动往往采用运动感的弯曲线条为造型特征（图 1-4）。

图 1-4

新艺术运动——布鲁塞尔住宅与巴黎地铁入口

　　西班牙建筑师高迪受"新艺术运动"的影响，结合加泰罗尼亚的地方特点，发挥个人独特的创意，摆脱了古典建筑风格，以浪漫主义的幻想和塑形造型在巴塞罗那留下了奇特的建筑（图 1-5）。

　　麦金托什的格拉斯哥艺术学院（1907～1909 年），反映了建筑功能（大面积采光窗的教室和长条形窗的图书馆）与新艺术运动装饰风格（曲线铁饰件）的结合（图 1-6）。

图1-5

巴塞罗那高迪设计的圣家族教堂与米拉公寓

图1-6

格拉斯哥艺术学院

　　欧洲的绘画在完成了从古典主义到印象派、后印象派的转变后，在 20 世纪初已进入现代派时期：抽象派、立体派、野兽派、表现主义、未来主义等。对建筑艺术风格也有影响（图 1-7）。

图 1-7

欧洲绘画的时代转变

　　在 1914 ～ 1918 年间，发生了第一次世界大战，欧洲遭到了巨大的破坏。旧的德意志帝国被推翻，奥匈帝国瓦解，十月革命诞生了苏联，中欧和南欧出现了一些新的国家，欧洲的政治地理面貌发生了改变，思想意识形态也发生了变化，多种社会主义思潮流行。在经历了战后的困难时期之后，1924 ～ 1929 年欧洲经济得到了恢复并超过了战前。建筑活动也在战争中断后复苏，尤其是战争造成的平民流离失所，社会对快速廉价兴建住宅提出了需求。

俄国（苏联）：构成主义流派

这个流派是一些留学法国的俄国青年学生，受毕加索抽象艺术的影响而开始的，十月革命（1917年）后为苏联新政权容许，1930年代被取缔。

图1-8所示是1919年设计的第三共产国际纪念碑，模型放在广场上"向工人阶级展览"；右下是构成主义的建筑。

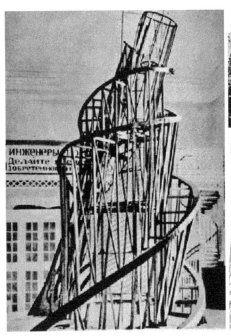

图1-8

俄国构成主义建筑

德国：表现主义

表现主义建筑采用夸张、奇特的建筑形体来表现或象征某些思想和精神。德国建筑师门德尔松设计的爱因斯坦天文台（1919～1920年）是表现主义建筑的代表。爱因斯坦在1917年提出广义相对论，深奥神秘，门德尔松想用建筑形象来表现。另一个表现主义的著名作品是柏林格罗瑟斯剧场（1919年，图1-9）。

图1-9

德国表现主义建筑

荷兰：风格派

20世纪初荷兰美术界出现"风格派"的艺术流派，倡导几何形体与纯粹色块的组合与构图。

荷兰乌德勒支的一个业主对蒙德里安的抽象画感兴趣，要求建筑师按照蒙德里安的绘画建造住宅。家具设计师兼建筑师里特维尔德设计的这个住宅是风格派在建筑领域最典型的代表（1924年）。简洁的体块，错落的线条，大片的玻璃，明快的色彩（图1-10）。

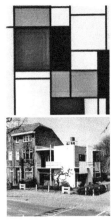

图1-10

荷兰风格派建筑

"德国制造"与包豪斯

德国是后起的资本主义国家，19世纪30年代才开始工业革命，追求强国梦的德国人开始以剽窃设计、复制产品、伪造商标等手法，仿造英、法、美等国的产品，廉价销售，冲击市场，由此遭到了工业强国的谴责。1876年费城世界博览会上，"德国制造"被评为"价廉质低"的代表。1887年，英国议会通过新《商标法》条款，勒令所有进入英国的德国产品一律必须打上"德国制造"的印章。

英国人的抵制和立法以及"德国制造"的耻辱印记，让德国人开始彻底自我反省。德国制定了严格的工业制造标准和质量认证体系，还建立了普遍的职业教育体系，终于使德国制造业打了"翻身仗"。

在德国制造业的变革中，1907年成立的"德意志制造联盟"是德国现代主义设计的基石。它在理论与实践上都为20世纪20年代欧洲现代主义设计运动的兴起和发展奠定了基础。而德意志制造联盟中有几位建筑师：穆特休斯（联盟创建人）、贝伦斯、格罗皮乌斯、密斯·凡·德·罗。"德意志制造联盟"催生了包豪斯工艺技术学校，包豪斯成为"现代主义建筑"的大本营，格罗皮乌斯和密斯·凡·德·罗先后担任校长，成为现代主义建筑的代表人物。

贝伦斯，柏林通用电气公司透平机厂（1908 ～ 1909 年，图1-11 左）。

格罗皮乌斯，法格斯工厂（1911 ～ 1913 年），轻巧通透，一反传统建筑沉重厚实的面貌（图1-11 右）。

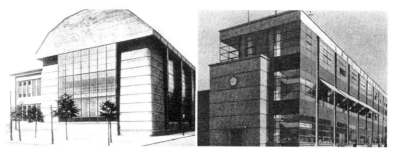

图1-11

柏林通用电气公司透平机厂与法格斯工厂

格罗皮乌斯（1883 ～ 1969 年），1930 年任包豪斯校长。他说：

"我们不能再无尽无休地复古了，建筑不前进就会死亡。它的新生命来自过去两代人的时间中社会和技术领域出现的巨大变革。"

"新时代要有它自己的表现方式，现代建筑师一定能创造出自己的美学章法。通过精确的形式，清新的对比，各部件之间的秩序，形体与色彩的匀称和统一来创造自己的美学章法。这是社会的力量和经济所需要的。"

"一件东西必须在各方面都同它的目的性相配合，就是说，在实际上能完成它的功能，是可用的，可信赖的，并且是便宜的。"

1925年包豪斯从魏玛迁到德绍，新校舍由格罗皮乌斯主持设计。校舍面积约1万平方米，由不同功能的部分组合，有教学用房、工艺车间、生活用房，还有合并进来的一所当地的职业学校。包豪斯新校舍的设计从建筑功能出发，按照各部分的实际功能的需要进行分区、组合，确定建筑形体。采取灵活的、不规则的建筑构图，不对称，各部分大小、高低、方向各不相同，形成了错落有致、变化丰富却又和谐统一的总体形象。按照现代建筑材料和结构的特点，运用建筑本身的要素（墙、窗、雨棚、台阶、栏杆等）的组合取得建筑艺术效果，没有附加的装饰，朴实无华、简洁清新（图1-12）。

斯图加特魏森霍夫住宅展览。1927年由密斯·温德罗策划，16位来自德国、荷兰、奥地利、瑞士、比利时的建筑师（包括贝伦斯、格罗皮乌斯、密斯、柯布西耶）设计建造了21栋、60套住宅，在德国斯图加特魏森霍夫集中展出（图1-13）。

这些住宅突破了传统住宅的形式和观念，采用钢筋混凝土结构和新型建材，在较小的空间解决居住功能问题，形式上采用平屋顶、粉刷墙面，灵活的开窗、大玻璃，争取阳光与新鲜空气。施工快、造价低。设计理论上提出空间是建筑设计的主角，而不是传统的平面和立面的古典构图，摒弃附加的装饰，强调建筑本身元素合理性、逻辑性的表达。这次集中的现代派建筑的展现无疑是现代建筑实物形象的宣言。

图1-12

德国包豪斯校舍

图1-13

斯图加特魏森霍夫住宅展览

现代主义建筑（Modernism Architecture）

社会背景：现代民主社会。

技术背景：工业化生产和机械工艺。

哲学背景：工具理性主义。

意识形态背景：乌托邦社会主义。

美学背景：现代艺术和机器美学。

几句名言：

路斯："装饰就是罪恶。"

沙里宁："形式追随功能。"

密斯·凡·德·罗："少就是多。"

勒·柯布西耶："住宅是居住的机器。"

勒·柯布西耶（1887～1965年）在《走向新建筑》（1923年）文集中提出：

"对建筑艺术来说，老的典范已被推翻，一个属于我们自己时代的样式已经兴起，这就是革命。"

"今天没有人再否认那个从现代工业创作中产生出来的美学"。

勒·柯布西耶高度称赞了工程师的美学："按公式工作的工程师使用几何形体，用几何学来满足我们的眼睛，用数学来满足我们的理智，他们的工作就是良好的艺术。"

"装饰是初级的满足，是多余的东西，是农民的爱好，而比例和尺度上的成功，是到达更高级的满足（数学），是有修养的爱好。"

勒·柯布西耶，巴黎郊外，萨伏伊别墅（1928 ～ 1930 年，图 1-14、图 1-15 ）。

图 1-14

勒·柯布西耶设计的萨伏伊别墅（一）

图 1-15

勒·柯布西耶设计的萨伏伊别墅（二）

勒·柯布西耶总结了"新建筑的五个特点"：底层架空，自由的平面，水平长窗，自由的立面，屋顶花园。

密斯·凡·德·罗（1886～1969年）不是科班出身，而是在工程实践中"成长"起来的。1909年，23岁的他到建筑师贝伦斯的事务所工作，第一次世界大战期间又在军队干过军事工程。

1920年前后，他提出了玻璃摩天楼的构想，外墙全部用玻璃。他说：摩天楼施工时"巨大的钢框架看起来十分动人"，但外墙砌上后就被掩盖了。"用玻璃做外墙，新的结构原则可以清楚地被看见"，"框架结构的建筑物，外墙不承重，可以用玻璃"。这个理念确定了他终身用钢和玻璃设计建筑，从低层建筑到摩天楼，并把它们做得十分精致，工艺技术水准极高。

密斯·凡·德·罗，巴塞罗那博览会德国馆（1929年，图1-16）。

图1-16

巴塞罗那博览会德国馆（一）

这是密斯·凡·德·罗早期最著名的作品。一是"流动空间"的概念，整个建筑没有封闭的房间，在平展的屋面下，纵横地布置着一段段的玻璃墙和大理石墙，有的还延伸到室外，被墙划分的空间互相连通。二是"少就是多"（Less is more）理念的诠释，没有任何附加的装饰，金属柱和墙直接顶在粉刷平整的顶棚上，构件交接处没有线脚，没有"过渡"，直接交上，这是"少"；但用料十分考究，墙面、地面用大理石，有不同的颜色、纹理和质感，十字形断面的金属柱和镀克罗米的玻璃墙框架，工艺技术十分精致，这就是"多"。整个建筑简洁清新、高贵雅致（图 1-17）。

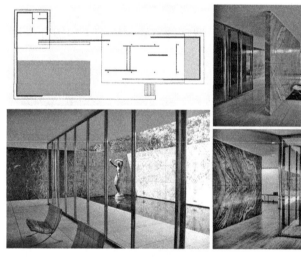

图 1-17

巴塞罗那博览会德国馆（二）

美国建筑师赖特（1869～1959 年）开始在"芝加哥学派"的沙利文事务所工作，但他对摩天楼和工业化不感兴趣。1893 年独立开业，十余年间在美国中西部设计了许多小住宅，这些中产阶级的住宅大都在郊外，环境优美，接近自然。建筑材料是传统的砖、木、石，有出檐很大、坡度平缓的坡屋顶。适应中西部的草原气候，称为"草原式"住宅。这段经历也是他后来提出"有机建筑"理念的前导。他的代表作品有：

芝加哥罗比住宅（1908年，图1-18）。

图1-18

芝加哥罗比住宅

匹兹堡考夫曼别墅（流水别墅）（1936年，图1-19）。这是赖特最为著名的建筑，也是他"有机建筑"理念的代表作。它坐落在繁茂树林中一条小溪的瀑布上，前面一横一纵的两层混凝土平台出挑在瀑布上，挑台的栏墙平整色浅，后面交错的石墙粗犷色暗，与背景的林木相接，整个建筑形体变化丰富、生动活泼，与周围的自然环境紧密结合，互相映衬。与勒·柯布西耶的萨伏伊别墅独立在草地上的形态大相径庭。后者换一个地方也可以盖，而流水别墅不行。

图 1-19

赖特设计的匹兹堡流水别墅

　　赖特"有机建筑"（Organic Architecture）的理念是"建筑应该是自然的，要成为自然的一部分"。他反对"住宅是居住的机器"。

　　阿尔瓦·阿尔托（1898～1976 年），芬兰建筑师。他的作品既是现代主义的，也有芬兰的地域特色：高纬度的日照特点，森林湖泊的地理自然景观。他的设计突出人情味，称为"建筑的人情化"（Humanizing of Architecture）。

　　他说："建筑不能同自然和人的因素分离开，它决不应该这样做。反之，应该让自然与我们联系得更紧密。"

　　芬兰，帕米欧，结核病疗养院（1933 年，图 1-20、图 1-21）。疗养院处于一片树林中，七层的病房楼单面走廊，面对草地树林一字形展开，宽大的玻璃窗，使每个房间都有良好的阳光和新鲜的空气。

图1-20

芬兰帕米欧结核病疗养院（一）

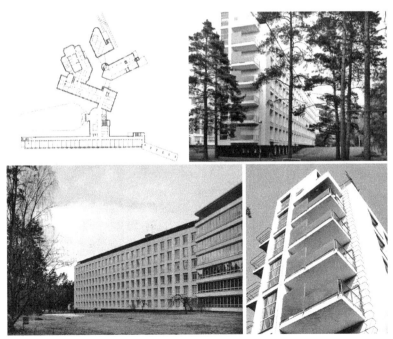

图1-21

芬兰帕米欧结核病疗养院（二）

"Art Deco"和摩天楼

　　建筑涉及每一个人，与人们的生活密切相关，而且是一个巨大的物质活动空间。社会的建筑观念和建筑审美有惰性（滞后性），并不能及时跟上走在前面的少数建筑师引领的新建筑思潮。建筑师的职业是服务业，建筑师设计房屋都要适应业主的要求，当时欧美大多数建筑还是传统形式。但毕竟时代前进了，建筑的功能变化了，建筑材料和技术发展了。于是在 20 世纪 30 年代，结合装饰艺术和摩登样式的"Art Deco"流派出现了。在建筑上典型的是纽约的摩天楼克莱斯勒大厦和帝国大厦，摆脱了之前摩天楼古典的哥特式，代之以简洁的体形和"Art Deco"的装饰，尤其是克莱斯勒大厦的尖塔和帝国大厦外墙的顶部（图 1-22、图 1-23）。

图 1-22

纽约早期的摩天楼。
左：伍尔沃斯大厦（1913 年）；中：克莱斯勒大厦（1930 年）；右：帝国大厦（1931 年）

图1-23

摩天楼的 Art Deco 装饰风格

图 1-23 右边的老照片是帝国大厦钢结构施工，而远处的克莱斯勒大厦顶部装修已经完成。

苏联斯大林时期的建筑

1931 年开始，为时 3 年的苏维埃宫设计是苏联建筑摒弃"构成主义"现代派建筑转向古典主义、民族主义的转折点。

1931 年 2 月苏联政府决定建设苏维埃宫，举办了第一轮设计竞赛，邀请的有勒·柯布西耶、格罗皮乌斯、门德尔松等一些外国现代派建筑师。斯大林出席了审图会议，他指出，苏维埃宫应有深刻的政治内容，能够配得上无产阶级革命时代，配得上共产主义事业的宏大规模。结果没有一个方案中选。随后举行第二轮竞赛，共 160 个参赛方案，仍然未评出中选方案。后来又举行第三、第四轮竞赛。在 1933 年 5 月，建设委员会决定采用约凡的方案，建筑总高 260m，顶部设一个 18m 高的"解放了的无产者"雕像（图 1-24 左）。斯大林看完方案后，要求改成列宁雕像，雕像高度和建筑高度要大大加高。1934 年确定的方案图（图 1-24 右），雕像高 80m，建筑总高达 415m，超过美国纽约的帝国大厦。后来又进行雕像设计竞赛，中选雕像高达 100m，致使建筑总高达 460m。

图1-24

苏联苏维埃宫设计方案

　　建筑地点在莫斯科河河岸边，拆除了救世主大教堂。1935 年动工，1940 年装配金属结构框架。1941 年卫国战争开始，工程停工，1942 年拆金属框架用于军工生产。战后，工程未能继续。2000 年重建的救世主大教堂竣工。

　　从苏维埃宫设计开始到 1953 年斯大林去世之前，苏联建筑是古典主义、民族主义的，口号是"社会主义的内容，民族的形式"（图 1-25）。

图 1-25

苏联建筑

德国的纳粹建筑（1934 ~ 1944 年）

1933 年希特勒担任德国总理，国家社会主义党（纳粹党）掌权。希特勒年轻时想当建筑师，掌权之后，想把他的建筑理想付诸实施。希特勒热衷的风格是新古典主义，他的审美取向是与他的政治理想一致的，追求古罗马的帝国气派。

图 1-26 所示是希特勒规划的新首都"日耳曼尼亚"的模型，凯旋门用了他早年画的建筑草图的样式，高 117 米，比巴黎凯旋门高 1 倍多。圆穹顶的"人民大厅"可容纳 18 万人，圆顶的直径 250 米，是罗马圣彼得大教堂圆顶直径的 6 倍，可见希特勒的狂妄和自大。

"纳粹"建筑：简化的古典形式，威严肃杀，冷漠夸张（图 1-27）。

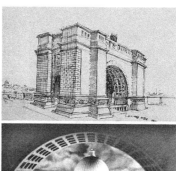

图1-26

德国纳粹建筑设计方案

图1-27

德国纳粹建筑

其时，意大利由墨索里尼掌权，是法西斯政权，崇尚的建筑风格与德国纳粹建筑相似（图 1-28）。

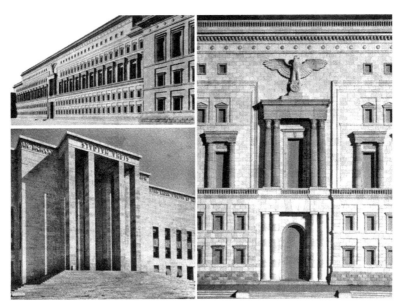

图1-28

意大利墨索里尼时期的建筑

1937 年巴黎又一次召开世界博览会，展会上最抢眼的是德国馆和苏联馆在中轴线两边相向对峙——纳粹德国的苍鹰对苏联的锤子、镰刀（图 1-29）。

令人思考的是，现代主义建筑在共产主义的苏联被当成资产阶级文化受到批判和排斥，在国家社会主义的纳粹德国被当成"共产主义阴谋"，是"腐朽没落的、病态的"，也遭到排斥和迫害。"包豪斯"被关闭，格罗皮乌斯、密斯·凡·德·罗避居美国，格罗皮乌斯出任哈佛大学建筑系系主任，密斯·凡·德·罗任伊利诺伊工学院建筑系系主任，把现代主义建筑的火种在美国传播。而勒·柯布西耶留在了被纳粹德国占领的法国。

图 1-29

1937 年巴黎世界博览会

　　1939 年第二次世界大战爆发，直到 1945 年结束。战争期间，各国城市建设基本停止，许多城市遭到严重破坏。

现代主义建筑的鼎盛期（1945 年～1960 年代）

　　第二次世界大战结束后，现代主义建筑得到世界性的认可。

　　联合国总部大厦（1946～1950 年，图 1-30）是二战结束后的第一个重要建筑，由美国建筑师哈里森主持、一个来自 10 个国家的 10 位建筑师组成的顾问团评审，顾问团中中国代表是梁思成，还有法国的勒·柯布西耶（梁思成左侧）和巴西的尼玛亚（梁思成右侧）。选中并实施的方案，是不对称的总体布局，高高耸立的办公楼与平缓的会议厅和辅助用房形成对比衬托的构图，主体是一个玻璃幕墙的板式大楼，这是世界上第一栋玻璃幕墙高楼，会议厅内部是倾斜的墙面。这是一个现代主义的建筑，图中可以看到它与之前纽约的摩天楼克莱斯勒大厦和帝国大厦外观明显不同。

图 1-30

纽约联合国总部大厦

　　联合国总部大楼的形象很快在纽约得到响应，由美国著名建筑设计事务所 SOM 设计的利华大厦在 1950 ～ 1952 年建成，也是一个全玻璃幕墙的板式高层建筑。密斯·凡·德·罗在 1920 年提出的玻璃幕墙摩天楼的概念在纽约实现，1956 ～ 1958 年他设计的西格拉姆大厦落成，琥珀色的隔热玻璃，青铜饰面的玻璃框架，优雅华贵。精心推敲的细部处理，简洁细致，突出材质和工艺的审美品质（图 1-31）。

　　密斯·凡·德·罗是把"钢和玻璃"用到极致的建筑师，在西格拉姆大厦之前，1950 年他在伊利诺伊为单身女医生范斯沃斯设计了一栋小住宅。漆成白色的型钢框架，透明玻璃的全部外墙，架空的地面，使得整个建筑晶莹剔透，与周围优美的环境融合在一起。但全玻璃外墙，热工性能差，私密性差，而且造价超出预算太多，于是女医生把密斯告上法庭。密斯在法庭上陈述了自己的设计理念，他的真诚感动了女医生，她撤诉了。范斯沃斯住宅已经成为密斯"少就是多"的经典之作（图 1-32）。

图1-31

纽约利华大厦与西格拉姆大厦

图1-32

密斯·凡·德·罗设计的范斯沃斯住宅

1956年他设计了伊利诺伊工学院建筑系系馆，还是型钢框架和全玻璃外墙（图1-33）。

图1-33

伊利诺伊工学院建筑系系馆

格罗皮乌斯1937年政治避难到美国，在哈佛大学建筑系任教，后来担任系主任，延续了包豪斯的教学体系。他在哈佛大学校园内设计了现代主义风格的研究生院。此前他在远郊林地中设计的自家住宅在建筑界更为有名。住宅将现代包豪斯设计风格与新英格兰地域传统结合，并与场地环境融合，在新英格兰的风景中诉说着现代主义建筑的话语（图1-34）。

赖特设计的纽约古根海姆美术馆（1956～1959年）是一座螺旋形建筑，以圆形展厅最为突出。长430米的螺旋形坡道环绕圆形的中庭层层向上，越往上坡道宽度越大，直径也越大，形成一个下小上大的圆筒形空间。坡道就是展览廊，外侧墙上布置展品。人们进入大厅乘电梯直达顶层，然后沿螺旋形坡道向下参观。中庭上方是玻璃圆顶，为大厅提供采光（图1-35）。

图1-34

格罗皮乌斯设计的自宅

图1-35

纽约古根海姆美术馆

1945年法国光复后，通过全民公决，成立"第四共和国"，由共产党、社会党、人民共和党组成联合政府。当时法国战后重建部长邀请勒·柯布西耶设计一座由政府拨款的供平民居住的大型公寓。这正符合战前勒·柯布西耶的民主社会主义思想和乌托邦城市建设理念。

勒·柯布西耶在马赛设计了他称之为"居住单元"的马赛公寓（1947～1952年，图1-36、图1-37），165米长，24米宽，56米高，按当时的尺度标准是很大的住房。地面层是架空的支柱层，上面17层，1～6层和9～17层是居住层，有23种不同的户型，从单身住户到8个孩子的家庭，共337户，可供1600人居住。采用复式户型，各户有自家的室内楼梯和两层通高的起居

图1-36

法国马赛公寓（一）

图 1-37

法国马赛公寓（二）

室，这样每三层才设一条公共走廊。在第 7、第 8 层布置商店和公用设施，幼儿园和托儿所设在顶层。通过坡道可到达屋顶花园，屋顶上设有儿童游戏场、游泳池、健身房和 200 米长的跑道。

　　马赛公寓在决策、设计和建成使用过程中都存在过争议，但无论从建筑还是从社会来看，留给历史的都是一个杰出的尝试。

　　朗香教堂（1950～1954 年，图 1-38、图 1-39）是勒·柯布西耶二战后最重要、最奇特、最惊人的作品。表现出他与原先很不相同的建筑美学观和艺术价值观，建筑风格与形式发生了巨大的变化。这是他内心世界变化的反映。二战中，他留在沦陷的法国，目睹战争带来的灾难，他原来所抱的对科学、机器、工业的幻想破灭了，他在精神世界中寻求解脱。

图 1-38

法国朗香教堂（一）

图 1-39

法国朗香教堂（二）

　　他对朗香教堂的解释是："建造一个能用建筑的形式和气氛让人心思集中和进入沉思的容器"，是"形式领域的一个听觉器官。柔软、微妙、精密和不容改变。"

　　1947年印度独立。第一届总理尼赫鲁在1951年邀请勒·柯布西耶主持印度北方昌迪加尔新城的规划和设计（图1-40、图1-41）。

　　2016年勒·柯布西耶设计的建筑被列入《世界文化遗产名录》，上面的三个建筑包括在其中。

图1-40

印度昌迪加尔市议会

图 1-41

印度昌迪加尔法院与"和平之手"

粗野主义

在马赛公寓中，建筑被巨大的混凝土支柱支撑着，表面是模板拆除后没有粉刷的裸露混凝土，朗香教堂室内墙面和顶棚也是这样，而昌迪加尔市政厅的外墙全部是裸露混凝土。柯布西耶刻意使用的这种表面处理手法，配合粗犷的体块组合，表达出建筑的力度感，在视觉上产生强烈的冲击，被称为"粗野主义"。1950年代到1970年代，粗野主义成为在政府机构和大学设计中风靡一时的建筑风格。

图 1-42 左上是保尔·鲁道夫设计的耶鲁大学建筑与艺术学院，左下是他首创的"灯芯绒"混凝土；中上是伦敦国家剧院，

中下是贝聿铭设计的波士顿基督教科学中心；右上是波士顿市政厅，右下是马赛尔·布鲁尔设计的纽黑文市的 Pirelli 大楼。

图 1-42

粗野主义建筑

　　对于粗野主义建筑一开始就有争议，有人赞扬它粗犷的美和力度，它的雕塑感的体量，这些是具有前卫艺术观念的人。但也有人，尤其是社会公众认为它们粗糙和夸张，缺乏美感和亲和力。随着岁月的流逝，这些建筑因为表面粗糙，会因为积灰和雨水而显得比之前更旧更脏，更难以让一般人欣赏。

典雅主义

　　与粗野主义"大相径庭"的是 1950 年代后期出现的典雅主义。最突出的是斯通设计的美国驻印度大使馆（1958 年，图 1-43）。对称的构图，周圈的柱廊，有着古典的优雅；镂空花格的墙面，还透着东方的韵味；细细的柱子顶着薄薄的屋面，出檐很大，又有现代建筑的简洁、清新。

图1-43

典雅主义建筑——美国驻印度大使馆

雅马萨奇，麦格拉格纪念会议中心（1959年，图1-44）

雅马萨奇是日裔美国人，他的典雅主义建筑风格具有正统、古典、高雅的格调，他受到社会上一部分人士，特别是政府方面的青睐。

图1-44

麦格拉格纪念会议中心

菲利普·约翰逊，内布拉斯加州立大学谢尔登艺术纪念馆
（1958～1966年，图1-45）

这是约翰逊建筑设计风格从追随密斯·凡·德·罗的玻璃盒
子向古典优雅的转变。

图1-45

内布拉斯加州立大学谢尔登艺术纪念馆

纽约林肯表演艺术中心（1962～1968年，图1-46）

林肯中心可以说是全世界最高级别的表演艺术场所，环绕喷
泉广场有大都会歌剧院、纽约州剧院、爱乐音乐厅。还有表演艺
术图书馆、茱莉亚音乐学院等。林肯中心是典雅主义建筑的高峰，
典雅、华贵而平和。

纽约世界贸易中心（1969～1973年，图1-47）

由雅马萨奇设计，他采用正方形平面，110层的高楼笔直地
到顶，方方正正。他采用了双塔错位布置，避免了单调感，被称

图 1-46

纽约林肯表演艺术中心

图 1-47

纽约世界贸易中心

为"双子塔"。他没有使用大面积的玻璃外墙，他认为在高层建筑中大面积的玻璃会使室内的人有恐惧感，不敢靠近窗子，世贸大厦的外墙只有 30% 的玻璃，而且是窄长的窗子。在外饰面上保持他典雅主义的风格和装饰手法。

现代主义建筑的个性化

集结构工程师和建筑师于一体的奈尔维（Nervi）具有把工程结构转化为优美建筑形式的非凡能力，擅长用钢筋混凝土建造大跨度结构，他的作品大胆而富有想象，具有诗一般的表现力，如罗马小体育宫（1957 年，图 1-48）。

图1-48

罗马奥运会小体育宫

SOM 事务所，美国科罗拉多，空军学院学员教堂（1956 ~ 1962 年，图 1-49）。在那个时代，这个造型有点奇特的建筑却显示出精致的美，展现了 SOM 建筑事务所之前设计纽约利华大厦的追求。

图1-49

美国科罗拉多空军学院学员教堂

路易斯·康，"建筑哲学家"，受叔本华意志论、直觉论和胡塞尔现象学的影响。

随着模板和浇筑技术的发展，建筑师们喜欢"材料真实表现"的不作粉刷的混凝土，其表面从"裸露混凝土"的粗糙（粗犷）逐渐变成"清水混凝土"的平整、光洁。路易斯·康是清水混凝土应用的始作俑者之一，代表作是美国加州萨尔克生物研究所（1958～1965年，图1-50）。

图 1-50

美国加州萨尔克生物研究所

　　路易斯·康也在印度次大陆留下了他的作品，在实体墙面上开规则几何形的洞口，圆形、半圆形、三角形是他的设计手法，体积感是他对建筑形体的追求（图 1-51）。

图 1-51

印度阿赫姆得巴德经济管理学院与孟加拉国议会大厦

阿尔瓦·阿尔托，简朴中有丰富，精致中有温暖，理性而有诗意（图1-52）。

图1-52

芬兰伏克塞涅斯卡教堂与芬兰音乐厅

尼玛雅，巴西新首都——巴西利亚三权广场（1958年）

1956年巴西决定把首都从滨海的里约热内卢迁往内陆的巴西利亚，这是一片高原处女地。在1956年至1960年间，用三年多时间建造起新首都。巴西利亚是一座年轻的现代化城市，充满现代理念的城市格局、造型新颖别致的建筑以及寓意丰富的艺术雕塑，蜚声世界。1987年列入《世界文化遗产名录》，是当时《世界文化遗产名录》中历史最短的一个。

巴西利亚的规划以从26个方案中选出的科斯塔的"飞机"形象的概念布局为基础，由建筑师尼玛雅设计建造（图1-53～图1-55）。

埃罗·沙里宁（小沙里宁），其父是芬兰著名建筑师埃里尔·沙里宁（老沙里宁），小沙里宁随父亲移居美国。他力求创新，探索新的建筑方向，使用新的结构，创作新的建筑形式。1961年他英年早逝，年仅51岁，但他设计的作品闻名遐迩（图1-56）。

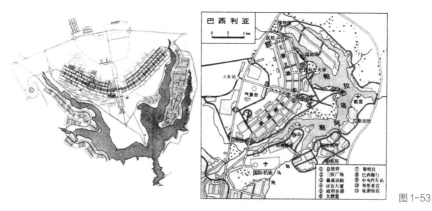

图1-53

巴西利亚的规划方案

图1-54

巴西利亚建筑(一)

图 1-55

巴西利亚建筑 (二)

图 1-56

埃罗·沙里宁设计的三个建筑。

左上：纽约肯尼迪机场环球航空公司候机楼（1956～1962年）；

左下：耶鲁大学冰球馆（1958年）；

右：圣路易斯杰弗逊纪念拱门（1948～1967年）

约翰·伍重，丹麦建筑师，澳大利亚悉尼歌剧院（1957～1973年）

1956年在澳大利亚悉尼歌剧院的设计竞赛中，由于评委会成员小沙里宁的鼎力推荐，丹麦年轻建筑师伍重的方案在来自30多个国家的230位参赛者中被选中。沙里宁认为，此方案如能实现，必能成为伟大不凡的建筑。经过14年的种种波折（结构、施工、预算、人事等），1973年9月悉尼歌剧院终于落成。悉尼歌剧院以它那奇特、美丽的造型轰动了世界建筑界，被认为是现代建筑的杰作。悉尼歌剧院2007年列入《世界文化遗产名录》（图1-57、图1-58）。

图1-57

澳大利亚悉尼歌剧院（一）

图1-58

澳大利亚悉尼歌剧院（二）

在第二次世界大战中战败的德国遭到严重破坏，在战后的重建过程中，德国建筑界摒弃了希特勒的"纳粹"建筑，承继包豪斯传统，建立了新包豪斯建筑学院。在建筑创作中既体现了现代主义的理性精神，也有形式的创新。

夏隆（1893～1972年），重视现代主义建筑提倡的注重功能和技术，但在造型上并不坚持立体主义形式，而讲究轮廓的变化、墙面的穿插。

他设计的斯图加特罗密欧与朱丽叶公寓（1954～1959年），是一栋为解决普通民众居住问题的公寓。为使每一住户都能得到好朝向和好景观，又避免邻舍间的对视，其平面几乎没有一个直角，而是成锐角向九个方向突出。公寓的轮廓和造型，建造时让很多人讶异，建成后却很受住户欢迎（图1-59左上）。

　　柏林爱乐音乐厅（1956～1963年），摆脱了古典音乐厅（维也纳金色大厅、波士顿音乐厅等）"鞋盒子"窄长方体的传统形式，采用了"坡地葡萄田"样子的观众席和环绕乐队布置的形式，顶棚的形状是中间升起的凸曲面。"葡萄田"和"环绕式"抬升了听众席，缩短了视距，加强了直达声；"田坎"的矮墙提供了近次反射声；凸面的顶棚有良好的扩散。这些设计的创新不仅改观了交响音乐厅的传统形象，而且其音质可以和著名的经典音乐厅相媲美，这是20世纪建成的众多音乐厅难以比拟的（图1-59）。

图1-59

夏隆设计的公寓和柏林爱乐音乐厅

　　1960年代的德国建筑师既发挥德国工业技术的优势，又在形式创造上颇具特色。1972年德国慕尼黑奥运会的场馆和近旁同年落成的宝马公司（BMW）总部大楼就是突出的例子（图1-60）。

图 1-60

德国慕尼黑奥运会场馆与近旁的宝马公司总部

　　华裔美籍建筑师贝聿铭在麻省理工学院和哈佛大学学习建筑。1948 年从事建筑师职业，1960 年代他的作品趋向于勒·柯布西耶的粗野主义和雕塑感，有科罗拉多全国大气研究中心（1961 ～ 1967 年，图 1-61 左上）、达拉斯市政厅（1972 年、图 1-61 右上）、康奈尔大学艺术博物馆（1973 年，图 1-61 左下）、波士顿基督教科学中心（1968 ～ 1974 年，图 1-61 右下）等。

　　图 1-62 左是波士顿肯尼迪图书馆（1964 ～ 1979 年），为纪念已故美国总统约翰·肯尼迪而建，贝聿铭被选中为设计人，选址、设计、建造前后达 15 年。在此期间贝聿铭由追随勒·柯布西耶到逐渐确立了自己个人的建筑风格和设计特点：几何性的平面、简洁的立面、精致的细部、优雅的风格和地域文化的蕴涵。1977 年落成的波士顿汉考克大厦、1978 年落成华盛顿国家美术馆东馆（图 1-63 上）、1979 年落成肯尼迪图书馆，都是杰出的

图1-61

贝聿铭早期设计的建筑

图1-62

波士顿肯尼迪图书馆与汉考克大厦。
左：波士顿肯尼迪图书馆；右：波士顿汉考克大厦

作品，为现代主义建筑带来了新风。

美国建筑界宣布 1979 年为"贝聿铭年"，授予他该年度 AIA（美国建筑师协会）金质奖章。1983 年他又获得普利兹克奖（建筑界最高奖）。

1989 年完成的法国巴黎卢浮宫扩建工程更是为贝聿铭赢得了国际声誉（图 1-63 下）。

图 1-63

华盛顿国家美术馆东馆与巴黎卢浮宫广场："金字塔"

在著名的华裔建筑师中，有一位女性建筑师林樱（Maya Ying Lin）。她在耶鲁大学建筑系本科三年级时参加了华盛顿越战纪念碑设计的国际竞赛。

1980 年 7 月 1 日卡特总统划出了林肯纪念堂右侧的两英亩草坪作为碑址，开始征集纪念碑设计图案，共收到 1421 件设计图。经过层层筛选，1026 号作品获得评委会一致通过，荣获首奖。揭晓后是林樱的方案。

　　林樱的方案是在草坪上切开一个折角形（"V"形）的切口，形成一道下沉的150米长的"V"形墙面，中间转折处下沉最大，地面最低，墙最高；向两侧地面逐渐坡起，墙面跟着低斜下来。折角一翼指向华盛顿纪念碑（纪念独立战争），一翼指向林肯纪念堂（纪念南北战争）。墙面用黑色抛光的花岗石贴面，刻上在越南战争中阵亡的美军将士的名字（图1-64）。

图1-64

林樱的华盛顿越战纪念碑设计

　　越战纪念碑朴素、简洁，内涵深沉。祭奠者、参观者凝视着墙面，读着将士的名字，黑色的花岗石光滑如镜，映照出自己的身影，拉近了生者与死者的距离，引起肃穆的情感和沉思，平实、亲和，而不是崇高的仰望。蓝天、白云、草地、树木也映影其中。每年有200多万美国人来到这座纪念碑凭吊、参观。

　　1999年林樱被美国《生活》杂志评为"20世纪最重要的100位美国人"。

现代主义建筑思潮也传播到日本，先有前川国男、丹下健三，后继有槇文彦、安藤忠雄等，他们一方面跟随国际现代建筑的思潮，又与日本传统文化结合（图 1-65）。

图1-65

日本丹下健三设计的建筑
左：日本东京代代木体育馆（1964 年）；右上：东京圣玛利亚教堂（1961 ～ 1964 年）；右下：山梨县文化会馆（1967 年）

发展中大国在 1960 年代，本国的现代建筑师成长起来，他们大都有在西方学习的经历，但在自己的国家又有把现代建筑与本国的传统文化结合的意愿（图 1-66）。

图1-66

发展中国家建筑师设计的建筑。

左上：柯里亚，印度，甘地纪念馆（1958～1963年）；左下：哈桑·法赛，埃及，新高纳村（New Gourna，1950年代）；右上：洛克辛，菲律宾文化中心（1969年）；右下：伊斯兰姆，孟加拉，达卡大学公共管理学院（1969年）

现代主义的嬗变和后现代（1970年代～1980年代中期）

第二次世界大战之后，现代主义建筑成为主流，风行全世界。但正像任何一种新生事物那样，也就在它广泛流行、达到鼎盛之时，必然要发生变化，以适应地域的扩展、参与者的增多和时代的变化。同时，暴露出来的问题也会招来批评。

到20世纪六七十年代，欧美已经从二战的阴影中走了出来，西方的社会文化心理发生了显著的变化。物质生活水平的提高，使人们更加关注精神价值；对工业文明和科学技术发展进行人文反思；艺术和审美风尚也出现了新的变化，一方面是向传统的回归，一方面又"先锋""前卫"。

正是在这样的背景下，现代主义建筑自身发生了嬗变，包括第一代的现代主义大师，如勒·柯布西耶，第二代建筑师带来的变化更加明显。这种变化在前面的讲述中已经看到了。而现代主义建筑的"割断历史""消失传统""国际式"（International Style）"没有装饰的方盒子""缺少人情味"受到后现代（Post-modern）的批判。

Post-modern（后现代）

有人宣布，美国圣路易斯社区住宅 Pruitt Igoe 在 1972 年 7 月 15 日被炸毁拆除标志着"现代主义死亡了"，Post-modern（后现代）时代开始了（图 1-67）。

图 1-67

圣路易斯社区住宅被炸毁拆除

　　Pruitt Igoe 是一个有 33 座高层公寓容纳 2800 户的廉租房建筑群，建造背景是美国政府 1949 年发起的"住房运动"，用政府资金为低收入人群建造住房。1951 年雅马萨奇接到了这个业务。在建筑形式风格上，他采用当时流行的现代主义，简单的"方盒子"，造价低、施工快。他在功能布置上，增加了社区交流的公共廊道，以期居民之间可以驻留交谈。雅马萨奇的设计在 1951 年获得了美国建筑师论坛杂志"年度最佳高层建筑奖"。

　　但建成后不久，"混合居住"导致最初的白人住户开始搬离，接着它很快变成了令人绝望的高犯罪率危险街区，建筑师设想的公共交流的连廊成为抢劫和毒品交易的场所。1972 年 3 月，圣路易斯市政府在花费 500 万美元整治无效之后，将已成为"不宜居住项目"的这个住区全部炸毁。

　　Pruitt Igoe 街区和同期其他代表性项目的失败，背后是非常复杂的社会学问题。雅马萨奇的教训是，建筑师美好的乌托邦梦想遭遇到严酷的现实，总是以现实"超出"梦想而告终。

　　对于雅马萨奇，另一个意想不到的不幸是，他设计的纽约世界贸易中心双子塔在 2001 年 9 月 11 日被恐怖分子劫持的飞机撞毁。那时他已经去世。

后现代主义的两位理论家：罗伯特·文丘里和查尔斯·詹克斯

　　文丘里在《建筑的复杂性和矛盾性》（1966 年）一书中提出如表 1-1 所示的一些建筑主张。

　　他激烈反对密斯的"少就是多"（Less is more），他说"简练不成导致简单化，大肆简化带来乏味的建筑"，"多不是少"（More is not less），"少是枯燥"（Less is bore）。

罗伯特·文丘里的建筑主张　　　　　　　　表 1-1

我喜欢建筑要素的混杂	而不要"纯粹"的
宁要折中的	不要"干净"的
宁要歪扭变形的	不要"直截了当"的
宁要暧昧不定	也不要"条理分明"、刚愎无人性、枯燥和"无趣"
宁要世代相传的	不要"经过设计"的
要随和包容	不要排他性
宁可丰盛过度	也不要简单化、发育不全和维新派头
宁要自相矛盾、模棱两可	也不要直率和一目了然
我容许违反前提的推理	甚于明显的统一
我赞赏含义丰富	反对用意简明
我喜欢"彼此兼顾"	不赞成"或此或彼"
我喜欢有黑也有白，有时呈灰色	不喜欢全黑或全白

查尔斯·詹克斯，《后现代建筑语言》（1977 年）

他宣布："现代主义建筑死亡了！"正式打出"后现代建筑"（Post-modern Architecture）的旗号。

他列举了后现代建筑的六种类型或特征：历史主义（Historism）；直接的复古主义（Straight Revivalism）；新地方风格（Neo-vernacular）；文脉主义（Contextuallism）；隐喻和玄想（Metaphor and Metaphysics）；后现代空间（Post-modern Space）。

对于现代主义建筑是否"死亡"，如何评价后现代建筑思潮，有不同的看法。

意大利建筑理论家赛维："后现代主义其实是一种大杂烩，其中有两个相反的取向。一个试图抄袭古典主义，但并不去复兴真正的古典精神，不过是摆弄些古典样式……另一个是逃避一切规律，'爱怎么搞就怎么搞'，其根子是美国人想要摆脱欧洲文化的影响，可是其结果却是把互相矛盾的东西杂凑在一起的建筑。"

"现代建筑没有死……我不认为从历史上拉来一些东西，拼凑成任意的、机械的'蒙太奇'，就能消除当代文化中的毛病。"

现代主义建筑是建筑全面深刻的革命，后现代只是一时的建筑艺术风格的流派。

现代建筑嬗变更深刻的社会思想根源，其一是 20 世纪 60 年代以来，现代科学技术发展出现了两个巨大的变化（一个是对科学技术（工业文明）的反思；一个是信息技术的突飞猛进），其二是宗教的复兴。

对科学技术的反思主要集中在两个方面：

一个方面是，科学技术的强劲发展迫使人文学者批评地反思这种发展的社会后果。后现代主义建筑理论可以看成是人文思潮对科学技术的反思在建筑领域内的一种反映。

另一个方面是，对科学技术发展在自然界的后果的反思。能源危机，生态破坏、环境污染、温室效应等引起了全世界的严重关注。可持续发展建筑是这种反思在建筑领域内的反映。

始于 1960 年代的信息革命，在世纪之交显示出它将与工业革命具有同样的威力。以计算机技术和通信技术为核心的信息技术已经开始并必将对建筑产生深刻的影响。

宗教的复兴。亨廷顿（S. P. Huntington）在他那本震动世界的著作《文明的冲突与世界秩序的重建》（1996 年）中写道：

"20 世纪上半叶，知识精英们普遍认为经济和社会的现代化正导致作为人类存在的一个重要因素的宗教的衰亡。无论是欢迎还是痛惜这种趋势的人都接受这一观点。""20 世纪下半叶证明这些希望和恐惧是毫无根据的。经济和社会的现代化在全球展开，同时也发生了一场全球性的宗教复兴。它遍及所有大陆，所有文明，实际上所有国家。"

文丘里设计的母亲的住宅（1962年），是他建筑理论的第一个实践（图1-68）。文丘里说"这是一座承认建筑复杂性和矛盾性的建筑"，"既复杂又简单，既开敞又封闭，既大又小"。看似对称，实际不对称——窗子不对称；山墙正中裂开一条开口，后面高起的墙和烟囱也不对称；正面门洞进去，门却开在右边。

图1-68

文丘里母亲的住宅

文丘里，普林斯顿大学胡应湘堂（1983年，图1-69）

1972年文丘里在新的著作《向拉斯维加斯学习》中写道：

"建筑师们再也不能让正统现代主义的清教徒式的道德说教吓住了！"

文丘里提出要关注大众口味的商业和娱乐文化景观，向赌城拉斯维加斯学习。这是当时美国波普艺术（Pop Art）在建筑界的反映。

图1-69

普林斯顿大学胡应湘堂

　　典型的实践是查尔斯·穆尔在新奥尔良意大利广场（集商业、娱乐、居住功能于一体的开发项目）中心的喷泉广场（1978年），用极其夸张的手法摆上喷泉、拱门、柱廊、亭子等古典建筑的片段，涂上红、橙、黄等鲜亮的颜色，甚至有的古典柱头用不锈钢片装饰。没有古典的雅致，只有庸俗离奇，但又热闹欢快，适合当地民众的口味（图1-70）。

图1-70

美国新奥尔良意大利广场

后来格雷夫斯设计的佛罗里达海豚与天鹅旅馆（图1-71右上）、日本建筑师矶崎新设计的迪士尼总部（图1-71右下）也是和商业娱乐文化联姻，但形式处理上要"高大上"一些了。

格雷夫斯设计的美国俄勒冈州波特兰市市政厅（1980～1982年，图1-71左），几乎成了后现代建筑的标志。一个立方体的实体建筑，表面以拼贴画的手法，在开着众多小方洞的实体墙面上，竖向、横向地"贴上"不同色彩的条带。下部细直的竖条好似柱子，顶部有突起的"柱头"；上部五条宽的横条好似檐口，成倒梯形展开。整个立面对称构图。这个建筑既摆脱了古典主义的庄重典雅，也没有现代主义的简约、高洁，却在精心构图下结合了大众文化的审美。

图1-71

后现代的几个建筑。

左：格雷夫斯，美国波特兰市市政厅（1980～1982年）；右上：格雷夫斯，佛罗里达海豚与天鹅旅馆（1987～1991年）；右下：矶崎新，迪士尼总部入口（1991年）

　　有着建筑界"教父"之称的菲利普·约翰逊一生都在求变，一生都在引领潮流。他从追随密斯·凡·德·罗1949年设计康涅狄格州纽卡纳安玻璃住宅，转向典雅主义，1960年代设计了谢尔顿艺术纪念馆和林肯中心的纽约州剧院；当现代主义嬗变的时候，1980年他设计了加利福尼亚州加登格罗芙的水晶教堂；当后现代主义成为时尚时，他又出人意料地推出纽约美国电话电报公司大楼（图1-72）。

图1-72

菲利普·约翰逊不同年代设计的建筑。
左上：玻璃住宅（1949年）；左下：水晶教堂（1980年）；右：纽约AT&T公司（1984年）

大楼采用传统的材料——石材贴面，古典的拱券入口，顶部是巴洛克风格的三角形山墙，中部开一个圆形的缺口（被戏称为"老爷爷的座钟"和"Chippendale 书柜"）。体现了后现代主义的基本风格和设计手法：装饰主义和现代主义的结合，混合采用历史风格，却又有商业化和大众化的格调。

相对于美国，欧洲建筑界对后现代建筑思潮的反应要冷淡得多，但试图纠正现代主义建筑存在的"弊端"的意愿是相同的。

英国著名建筑师詹姆斯·斯特林也改变他在早年追随现代主义，设计莱斯特大学工程馆（1959～1963年）的风格和形式，追随后现代思潮，设计了充满争议的德国斯图加特美术馆扩建（1982年），入口处鲜亮的色彩、拼凑的元素、混乱的尺度，削弱了圆形庭院中着意的历史文脉和古典意蕴（图1-73）。

图1-73

德国斯图加特美术馆扩建工程

詹姆斯·斯特林不同时期设计的建筑的变化，如图 1-74。

图 1-74

斯特林不同时期设计的建筑。

左：英国莱斯特大学工程馆（1959～1963 年）；右上：剑桥大学历史系图书馆（1967 年）；右下：美国哈佛大学东方艺术博物馆（1994 年）

高技派（Hi-Tech）

高技派采用新材料、高工艺（Hi-Industrial Arts），强调技术的合理性和空间的灵活性，体现新时代的技术美学观。

罗杰斯（英国）和皮亚诺（意大利）设计的巴黎蓬皮杜中心（1972～1976 年），如图 1-75、图 1-76。

在合作了蓬皮杜中心之后，罗杰斯设计了伦敦劳埃德保险公司大厦（1978～1986 年），皮亚诺设计了日本大阪关西机场（1988～1994 年），这是高技派的另外两个杰作（图 1-77）。

图 1-75

巴黎蓬皮杜中心

图 1-76

巴黎蓬皮杜中心的细部

图1-77

伦敦劳埃德大厦与日本关西机场航站楼

　　诺曼·福斯特，英国另一个著名的高技派建筑师。他的代表作品有香港汇丰银行（1978 ~ 1985 年，图 1-78）。

图1-78

香港汇丰银行大厦

向古典的回归

著名实例有:莫奈欧的西班牙罗马博物馆（1980 ～ 1986 年），琼斯的美国阿肯色州索恩克朗教堂（1981 年），如图 1-79，以及马里奥·博塔的瑞士塔马诺山顶小教堂（1990 ～ 1992 年，图 1-80）。

图 1-79

西班牙罗马博物馆与美国阿肯色州索恩克朗教堂

图 1-80

瑞士塔马诺山顶小教堂

新现代主义（1980 年代中期～ 2000 年）

到 1980 年代中期，以拼贴"历史符号和标记"的文脉主义和迎合低俗审美的 Pop 艺术倾向为主的后现代建筑已经是强弩之末，而"现代主义建筑没有死"。现代主义建筑在经历了后现代的"批判"后，它的理性主义精神在新的时代向更深、更广的维度发展。功能理性从建筑的使用功能发展到建筑与环境、气候的关系；技术理性从材料、结构、工艺发展到建筑节能和智能建筑；形式理性从普世的现代性发展为现代性与地域性结合的新地域主义（批判地域主义）。

新理性主义——意大利建筑师，阿尔多·罗西

罗西认为，建筑的形式可以简约到典型的、简单的几何元素，这些典型的元素存在于历史形成的传统建筑中。在传统建筑中"抽取"单纯的几何体是现代建筑语言表达传统精神的途径（图 1-81）。

白色派——美国建筑师，理查德·迈耶

迈耶说："白色是一种极好的色彩，能将建筑和场地环境很好地分隔开（对比衬托），像瓷器有完美的界面一样；白色也能使建筑在灰暗的天空中显示出其独特的风格特征。雪白是我作品中的一个最大的特征，用它可以阐明建筑学理念并强调视觉影像的功能。白色也是在光与影、空旷与实体展示中最好的鉴赏，因此从传统意义上说，白色是纯洁、透明和完美的象征。"

迈耶的代表作品如图 1-82。

图1-81

阿尔多·罗西的"新现代主义"

图1-82

理查德·迈耶的"白色派"。

左上：美国印第安纳州新汉莫尼社区文化馆（1975～1979年）；右上：亚特
兰大海尔艺术博物馆（1983年）；下：洛杉矶盖蒂艺术中心（1997年）

安藤忠雄

日本建筑师安藤忠雄自学的建筑，他认为构成建筑必须具备三个要素：

第一个要素是真实的材料，如未作油漆的素木、纯粹朴实的水泥，安藤是运用清水混凝土的艺术家。

第二个要素是基本的几何形体，为建筑提供基础和框架。

第三个要素是"自然"，但不是原生的自然，而是经过设计从自然中概括而来的建筑化的自然。不是绿化栽植，而是光、水、风自然元素的介入和抽象表达（图 1-83、图 1-84）。

图 1-83

安藤忠雄水之教堂与光之教堂

图 1-84

安藤忠雄设计的建筑。

左上：西班牙塞维利亚世界博览会日本馆（1992 年）；左下：日本京都府立陶板名画之庭（1994 年）；右上：日本冈山县，成羽町美术馆（1994 年）；右下：德国杜塞尔多夫，兰根基金会霍姆布洛伊美术馆（2002 年）

解构主义

建筑上可上溯到俄国的构成派，哲学上来自德里达为代表的解构哲学。

1988 年夏，在纽约现代艺术博物馆举办了一个名为"解构主义建筑"的 7 人作品展。尽管各个人作品的风格不尽相同，但却有共同的特征：建筑造型是多向度的不规则几何形体的叠合，建筑造型中均衡、稳定的惯常秩序被打破。作为建筑评论家的主办者说，"这是一场新的运动，一场纯净形式的梦想已全然被打破的运动"，并将这一运动追溯到 1920 年代苏俄的构成主义。

　　例如，屈米设计的巴黎拉维莱特公园（1982 ~ 1989 年，图 1-85），彼得·艾森曼设计的美国俄亥俄 Wexner 视觉艺术中心（1989 年，图 1-86），李勃斯金设计的德国柏林犹太博物馆（1993 ~ 1995 年，图 1-87），弗兰克·盖里设计的西班牙毕尔巴鄂古根汉姆博物馆（1997 年，图 1-88），扎哈·哈迪德设计的德国威尔城的维特拉消防站（1993 年，图 1-89）。

图 1-85

巴黎拉维莱特公园

图 1-86

美国俄亥俄维克斯纳（Wexner）视觉艺术中心

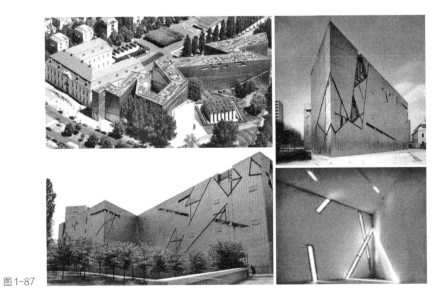

图 1-87

德国柏林犹太博物馆

图1-88

西班牙毕尔巴鄂古根海姆博物馆

图1-89

德国维特拉消防站

简约主义

摒弃琐碎的装饰美和矫揉造作的丰富感，去繁从简，以求简洁、明快的空间和表面（skin）材料质感的体现。

例如，卒姆托设计的瑞士瓦尔斯温泉浴场（1990～1996年，图1-90），赫尔佐格和德梅隆设计的德国慕尼黑的戈兹美术馆（1992年，图1-91）以及美国加州的多米那斯酿酒厂（1998年，图1-92）。

图1-90

瑞士瓦尔斯温泉浴场

图1-91

德国慕尼黑戈兹美术馆

图1-92

美国加州多米那斯酿酒厂

卡拉特拉瓦

　　20世纪末，在意大利的奈尔维以后，西班牙的卡拉特拉瓦成为另一个结构工程师与建筑师结合、技术与艺术结合的设计大师（图1-93）。他更多的作品已是进入21世纪之后。

图 1-93

西班牙建筑师卡拉特拉瓦的作品。

上：西班牙阿拉米罗大桥（1987～1992 年）；下左：法国里昂机场高铁车站
（1994 年）；下右：西班牙里斯本东方火车站（1998 年）

生态、绿色理念下的建筑创作

在 20 世纪末，两位"Hi-Tech"（高技派）的大师诺曼·福斯
特和伦佐·皮亚诺都对世界性的环境、生态、绿色思潮作出了响应。
这也是世纪之交国际建筑界新的思考和潮流。

诺曼·福斯特设计的德国法兰克福商业银行（1992～1997
年，图 1-94）在高层办公楼内设置空中花园，利用中庭和空中花
园实现自然通风，办公室外墙采用"double skin"双层玻璃幕墙。

伦佐·皮亚诺设计了新卡里多尼亚吉芭欧文化中心（1995～
1998 年，图 1-95）。

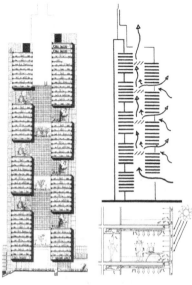

图1-94

德国法兰克福商业银行

新喀里多尼亚吉芭欧文化中心

图1-95

新卡里多尼亚是南太平洋岛国，属热带草原性气候，炎热潮湿，常年多风。伦佐·皮亚诺的设计利用风压进行自然通风来降温、除湿。此外，他还考虑了新卡里多尼亚的地域文化，这也是伦佐·皮亚诺设计的特点。

新世纪建筑学的发展：

（1）全球化形势下的地域文化和地区建筑学；

（2）现代化趋势下的传统文化和历史遗产保护；

（3）环境资源严峻态势下的可持续发展建筑策略；

（4）科学技术急速发展下的建筑与建筑技术。

第二章

中国现代建筑的中国表达

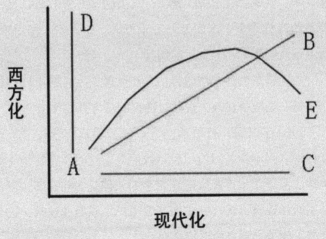

发展中国家现代化之路

——亨廷顿,《文明的冲突》

这里讨论的"中国现代建筑的中国表达"实质是中国现代建筑传统性、民族性的表达，而问题是：

是否需要表达？如何来表达？

百年来，争论不休，不同时代，不同做法，同一时代，各种做法，未能令人满意。

但是要摆脱传统性、民族性的表达，还是需要传统性、民族性的表达，才能使中国现代建筑立于世界之林？答案是分歧的，有的说：既然是现代建筑，现代的材料、现代的功能、现代的精神，就要和世界"接轨"；也有的说：只有民族的才是世界的。

新政运动与五四运动（1900～1927年）

中国（近）现代建筑始于何年，也是一个有争议的话题，姑且不论，这里以1900年（一个新世纪的开始）作为行文的起点。这一年，义和团"扶清灭洋"，八国联军打进北京，又一个不平等条约签订，全中国四万万五千万人，每人赔一两白银。图2-1所示是八国联军在天安门前阅兵。

八国联军进到紫禁城后，看到皇宫一片荒凉破旧（图2-2）。

每一场战争和冲突过后，冲突的双方都要作出调整。

1900年以后，打败的一方——清朝政府推行"新政运动"，废科举、兴学堂、旧衙门改新政府等，这时学堂建筑（如北洋大学堂、清华学堂）和政府建筑（如大理院、陆军部、资政院）都采用西洋建筑形式，并扩展到普通民用和商业建筑，这个趋势在满清王朝被推翻之后继续存在。

另一方，欧美教会吸取"民、教冲突"的教训（义和团举事的直接原因就是"民、教冲突"），在中国加强"基督教本土化"，

图2-1

八国联军在天安门前阅兵

图2-2

1900年的紫禁城

一个突出的表现是各地教会学校和教会医院的建筑采用中国传统
"大屋顶"的形式,尽管设计者是外国建筑师。

当时报纸上写道:"官民一心,力求改良,官工如各处部院,
皆拆旧建新,私工如商铺之方有将大金门面拆去,改建西洋者。"

图2-3

陆军部与大理院

上:陆军部(1906年);下:大理院(1910年设计,1958年拆除)

资政院设计图，德国建筑师 Curt Rothkegel（1910 年，图 2-4）

到 1911 年资政院的基础工程已经完工，如果辛亥革命再晚两年，北京就有一个"议会大厦"。

图 2-4

资政院设计图

"商铺之方有将大金门面拆去，改建西洋者。"（图 2-5）

图 2-5

商铺改建西洋门面

而罗马教廷派驻中国的代表传教士刚恒毅说："建筑术对我们传教的人，不只是美术问题，而实是吾人传教的一种方法，我们既在中国宣传福音，理应采用中国艺术，才能表现吾人尊重和爱好这广大民族的文化、智慧的传统。采用中国艺术，也正是肯定了天主教的大公精神。"

一些教堂采用中国传统建筑形式，或结合中国建筑元素，尤其是屋顶（图2-6）。

图2-6

北京圣公会教堂与救世军教堂

对比性的突出案例是两个毗邻的大学：清华大学（清华学堂）（1911年），国立大学，西洋风格；燕京大学（1920年），教会大学，中国风格。

清华、燕京两个大学却是由一个美国建筑师亨利·墨菲（1877～1954年）规划设计的。在国立的清华大学他采用西洋古典风格的建筑，在美国教会办的燕京大学他采用中国传统建筑形式（图2-7～图2-10）。

图2-7

清华大学与燕京大学校门

图 2-8

墨菲设计的清华大学和燕京大学的校舍

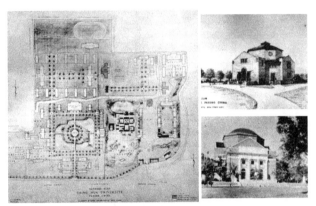

图 2-9

墨菲清华大学校园规划图

图 2-10

墨菲燕京大学校园规划图

北京大学，国立大学，西洋形式

北京大学前身是 1903 年设置的京师大学堂，1905 年设分科学堂。北京大学原校址在北京旧城内景山公园东侧的沙滩。校办公楼因墙面红色被称作"红楼"，建于 1918 年，西洋建筑的形式（图 2-11）。

1952 年北京大学从北京城里西式建筑的校区搬到原来是教会大学的燕京大学中式校园。

图 2-11

北京大学原址的教学楼。

左：北大红楼（1918 年）；右上：理科教学楼（1910 年）；右下：文科教学楼（1910 年）

清末政府办的公立学堂都是采用西洋建筑形式（图 2-12、图 2-13 ）。

1902 年两江总督张之洞创办的三江师范学堂，1928 年定名为国立中央大学（图 2-13 ）。

图 2-12

北洋大学堂与唐山路矿学堂

图 2-13

三江师范学堂和中央大学

与政府办的学堂（国立大学）采用西洋建筑形式不同，西方教会在中国办的教会大学和教会医院却采用中国传统建筑形式，楼房顶上加上中国式的大屋顶，尽管设计者是外国建筑师。1910 年代有所开始，1920 年代盛行。

南京金陵大学（基督教大学）主楼（1917 ~ 1919 年，图 2-14）

金陵大学前身是 1888 年美国基督教会在南京创办的汇文书院，1910 年改名金陵大学堂。1913 年由纽约建筑师克尔考里完成校园规划。

图 2-14

金陵大学

1913 年美国基督教会在南京创办金陵女子大学，美国建筑师亨利·墨菲于 1917 年规划设计（图 2-15）。

图 2-15

金陵女子大学

长沙雅礼大学，为教会大学，亨利·墨菲于 1916 年规划；雅礼（湘雅）医院，墨菲于 1918 年设计（图 2-16）。

图 2-16

长沙雅礼大学和湘雅医院

北京协和医院，教会医院，美国传教士建筑师哈里·胡塞（1917 ~ 1921 年）

"尽管它的顾问，哈佛医学院的建筑师柯立芝认为中国样式在造价、防火、采光等方面问题重重，洛克菲勒基金会却坚持用哈里·胡塞的设计"（图 2-17）。

四川华西协和大学，教会大学，中国式建筑（图 2-18）

北京辅仁大学，天主教大学，中国式大学（图 2-19）

山东齐鲁大学，教会大学，中国式建筑（图 2-20）

图 2-17

北京协和医院

图 2-18

四川华西协和大学
左：怀德堂（1919 年）；右：嘉德堂（1924 年）

图 2-19

北京辅仁大学

图 2-20

济南齐鲁大学

　　到 1920 年代中期，一方面"五四"前后的思想启蒙运动（对
"德先生和赛先生"——民主和科学的召唤）转向民族救亡运动，
另一方面第一次世界大战使中国的知识精英看到了西方世界也非
理想榜样，这就促使了民族主义思想的高涨。在此背景下，政府
和公共建筑开始采用中国传统建筑形式，典型的是 1925 年吕彦
直设计的中山陵和 1927 年美国建筑师 Moller 设计的京师图书馆
（图 2-21）。而且两者都是通过国际设计竞赛中选的。京师图书馆
设计竞赛委托美国建筑师协会代为评选。

　　梁思成对中山陵的评述：

　　"墓堂前为祭堂，其后为墓室。祭堂四角挟以石墩，而屋顶
及门部则为中国式。祭堂之后，墓室上作圆顶，为纯粹西式作风。
故中山陵墓虽西式成分较重，然实为近代国人设计以古代式样应
用于新建筑之嚆矢，适足以象征我民族复兴之始也。"

图 2-21

南京中山陵与北京京师图书馆

中国固有之形式（1928～1949年）

但是，普遍的变化出现在北伐战争以后国民党统一中国的
1928～1937年这十年。在中国经济建设发展的情势下，日本帝
国主义对中国的觊觎，激起了强烈的民族情感，"中国本位""民
族本位""中国固有之形式"成为一时的口号。

1928年国民党统一中国，首都从北京迁往南京。1929年制
定"首都计划"，其中提出："要以采用中国固有之形式为最宜，
而公署及公共建筑物尤当尽量采用"。

许多重要的政府和公共建筑普遍采用中国传统建筑形式（图
2-22）。如上海市政府大楼（1933年，董大西）、武汉大学（1933
年，开尔斯）、南京国民党党史馆（1935年，杨廷宝）、南京中央
博物院（1936年，徐敬直）等。

图2-22

"首度计划"与南京的政府建筑。
右上：南京国民党党史馆（杨廷宝）；左下：南京铁道部大楼（范文照、赵深）；
右下：南京中央博物院（徐敬直、李惠伯）

梁思成评述："范文照、赵深之铁道部已表示对于中国建筑方法与精神有进一步之了解。""至若徐敬直、李惠伯之中央博物馆，乃能以辽、宋形式，托身于现代结构，颇为简单合理，亦中国现代化建筑中之重要实例也。"

1929年10月征集上海市政府设计图案时提出："建筑式样为一国文化精神所寄，故各国建筑，皆有表示其国民性之特点。近来中国建筑，侵有欧美之趋势，应力加校正，以尽提倡本国文化之责任。市政府建筑采用中国格式，足示市民以矜式。"

上海市政府大楼，董大酉（1933年，图2-23）

图2-23

上海市政府大厦

在这一时期，还有两件事需要提到：

一是，一批在海外学习建筑的中国留学生先后回国，并在建筑教育和建筑设计领域逐渐占据重要地位，同时用现代学术方法系统研究中国传统建筑。

1921 ~ 1931 年间在美国宾夕法尼亚大学建筑与艺术学院留学学建筑的中国学生先后有近 20 人，包括朱彬、赵深、杨廷宝、梁思成、林徽因、童寯、陈植、王华彬、哈雄文等。期间宾大建筑教育是 Beaux Arts 体系，系主任聘请的是来自巴黎美术学院的 Paul Cret。而此期间，欧洲现代主义（Modernism）建筑已经开始。这些人回国后把学院派带到中国，形成中国建筑和建筑教育的主流。

在中国美术界也有类似的情况，徐悲鸿等人到法国留学时，欧洲现代艺术已经很是流行了，但他们带回来的还是学院派的绘画。同时代在巴黎学习印象派绘画回国的林风眠却一生坎坷。

二是，中国建筑传统性和民族性的表达在主要采用"大屋顶"形式之外，还发展出另一种方式：建筑的形制是西洋的，而装饰图案和建筑细部是中国传统的和民族的。代表案例有梁思成先生设计的吉林大学校舍（1929 年）和北京仁立地毯行（1932 年）如图 2-24；杨廷宝先生设计的北平交通银行（1931 年，图 2-25）。另外还有南京中央医院（1933 年，杨廷宝，图 2-26 左）、南京国民政府外交部大楼（1934 年，赵深、童寯，图 2-26 右）、南京国民大会堂（1936 年，奚福泉，图 2-27 左）、上海中国银行（1936 年，陆谦受，图 2-27 右）等。

"杨廷宝之中央医院与赵深之外交部，均以欧式体干，而缀以中国意趣之雕饰，能使和谐合用，为我国实用建筑别辟途径。"——梁思成《中国建筑史》

图 2-24

吉林大学校舍与北京仁立地毯行

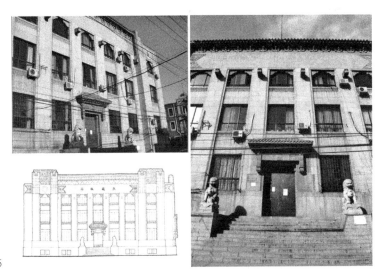

图 2-25

北平交通银行

图 2-26

南京中央医院与外交部大楼

图 2-27

南京国民大会堂与上海中国银行大厦

　　1937 年"七七事变"后，全面抗日战争爆发，直至 1945 年 8 月。战争期间，中国国土遭到巨大破坏，城乡建设停止。抗战胜利后，接着是国内战争，期间没有什么建设，却有在战火中保护文物建筑的问题。

　　1948 年 12 月，在解放军准备攻城之前，两个解放军干部到先期已经解放的清华园，拜访梁思成，请他在地图上标出需要保护的古建筑，以免在攻城时遭到破坏。后来北平和平解放，避免了战火的破坏。

　　梁思成先生 1949 年春又组织编写了《全国重要建筑文物简目》"供人民解放军作战及接管时保护文物之用"（图 2-28）。

　　中华人民共和国成立后，1950 年开始城市建设。

　　1950 年 2 月，梁思成与陈占祥向中央政府提交《关于中央人民政府行政中心区位置的建议》，建议在北京旧城之外另建国家行政中心，而把北京作为古都及历史文化名城整体保护下来（图2-29）。这个建议未被采纳。

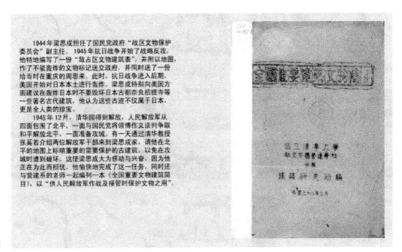

图2-28

梁思成编写的《中国重要建筑文物简目》

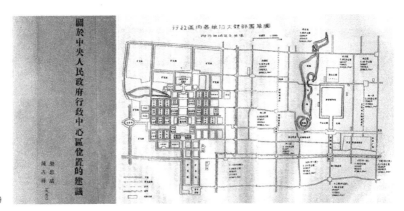

图2-29

梁陈方案《关于中央人民政府行政中心区位置的建议》

"社会主义内容，民族形式"（1950 ～ 1980 年）

　　第二次世界大战之后，现代主义建筑风行全世界，而中国在经历了四年内战后建立新中国，关起了国门，"一边倒"，学习苏联。其时在斯大林领导下的苏联，建筑上是民族主义、古典主义和学院派，对西方现代主义建筑持批判态度，口号是"社会主义内容，民族形式"。

　　1950 年代初向苏联学习。图 2-30 左上为北京有集中供暖的职工住宅，体现了社会主义对人民的关怀；右上为北京三里河行政办公区；左下为北京"八大学院"；右下为清华大学主楼的总体布局，与莫斯科大学相似。

图 2-30

"向苏联学习"的建筑

　　在北京建起了苏联展览馆、上海建起了中苏友好大厦（图2-31）。当时还出版了介绍苏联建筑的教材（图2-32）。公共建筑仿照苏联形式，大楼顶上有尖塔红星（图2-33）。

图2-31

北京苏联展览馆和上海中苏友好大厦

图2-32

介绍苏联建筑的教材

图 2-33

中央人民广播电台（1958 年）与中国人民革命军事博物馆（1959 年）

　　新中国关起了国门，学习苏联，以反对"结构主义"对西方现代主义建筑持批判态度，现代主义建筑在中国没有形成潮流。政府和建筑界主导的是民族主义，以"社会主义内容，民族形式"的口号延续了 1930 年代公共建筑中的中国传统的表达（图 2-34）。

图 2-34

民族形式的"大屋顶"建筑。
左上：重庆西南大礼堂（1954 年）；右上：北京友谊宾馆（1954 年）；左下：长春地质学院（1954 年）；右下：北京地安门宿舍（1954 年）

1953年苏联首脑斯大林逝世。继任的赫鲁晓夫对斯大林进行批判，建筑界是他首先发难的领域，在1954年11月30日全苏建筑工作者大会上，赫鲁晓夫作了长篇报告，反对苏联建筑界的复古主义、唯美主义，反浪费，要推进建筑工业化。1955年1月20日中国建筑工程部发布《关于组织学习全苏建筑工作者会议文件的决定》，随后在全国范围开展批判梁思成复古主义、形式主义"大屋顶"的运动。1955年3月28日，《人民日报》发表社论"反对建筑中的浪费现象"：

"建筑中浪费的一种来源是我们某些建筑师中间的形式主义和复古主义的建筑思想。他们往往在反对'结构主义'和'继承古典建筑遗产'的借口下，发展了'复古主义''唯美主义'的倾向。"（图2-35）

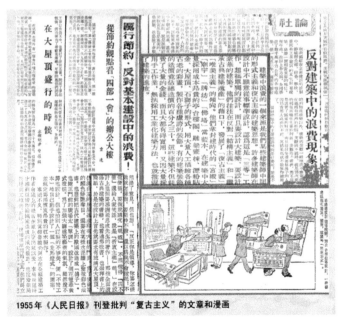

图2-35

1955年《人民日报》刊登批判"复古主义"的文章和漫画

1955年对"大屋顶"建筑的批判

全国各大报纸都纷纷揭露近几年基本建设中的浪费情况和导致严重浪费的建筑设计。很多文章都特别提到这类设计是深受梁思成的"资产阶级唯心主义、形式主义、复古主义建筑思想"的影响。

正在施工建设的北京四部一会办公楼，设计师张开济对自己设计的"大屋顶"形式作了检讨，并作了设计修改，将主楼的"大屋顶"改成平屋顶。图2-36左上是原来的设计图，主楼是大屋顶，左下是更改设计后建成的主楼。右图是当时已经建好的配楼。

图2-36

"四部一会"主楼屋顶的改变

张开济"两次自相矛盾的检讨"（2000年回忆文字）：

"1955年，国内建筑界曾掀起了一个以批判大屋顶为主的反浪费运动。当时'四部一会'两幢配楼已经完全竣工，剩下一幢主楼的大屋顶尚未铺顶。于是，是否要完成这最后的大屋顶就成了一个问题。可此时我刚在《人民日报》发表了文章，检讨了自己作品中搞复古主义的错误。于是就违心地同意不加大屋顶，并设计了一个不用大屋顶的顶部处理方案，一个自己也很不满意的

'败笔'。后来'反浪费'运动事过境迁，许多同志，其中包括彭真同志看到这个'脱帽'的主楼都很不满意，批评我当时未能坚持原则，这个批评我倒是愿意接受的。为了'四部一会'工程，我先是检讨自己不该提倡复古主义，后来又反省自己在设计中缺乏整体思想，不能坚持原则，来回检讨，自相矛盾，内心痛苦，真是一言难尽！"

随着中苏分歧的扩大，"批判大屋顶"的运动不了了之。1958 年设计、1959 年建成的国庆工程中，民族形式又被唤起。

人民大会堂是西洋古典的形制、中国传统和民族风格的装饰和细部（图 2-37）。人民大会堂在设计之初，曾向各设计单位和高校建筑系征集方案（图 2-38）。

图 2-37

人民大会堂

图 2-38

人民大会堂的应征方案

　　革命历史博物馆，它的门廊是仿照中国建筑的木结构形式，显然比人民大会堂的柱廊更显中国式，所以后来被模仿得很多（图 2-39）。

　　三个采用传统屋顶形式的国庆工程：民族文化宫、北京火车站、农业展览馆和后来的中国美术馆都采用相对不显沉重的攒尖顶，而不是"大屋顶"（图 2-40）。

　　1959 年国庆工程的风格与形式是古典主义、民族形式。其后的 20 年，先后经历了"困难时期""设计革命"（干打垒精神、低标准）、"三线建设"（散、山、洞——分散、进山、钻山洞）和"文化大革命"，期间除了广州的广交会建筑、北京外交用建筑和一些体育馆（如首都体育馆）等，没有什么重要的建筑。

图 2-39

革命历史博物馆

图 2-40

攒尖顶的国庆工程

1974 年的北京饭店新楼，是现代高层建筑的形制，中国传统和民族风格的局部装饰：琉璃檐口，门廊。而广交会场馆建筑是现代主义建筑风格（图 2-41）。

图 2-41

首都体育馆、广州广交会与北京饭店新楼
左上：首都体育馆；左下：广州广交会；右：北京饭店新楼

20 世纪五六十年代之前，中国现代建筑传统性、民族性的表达，固然有其政治的背景，但建筑师出于民族情感是自愿地进行探索，且都具有对中国传统建筑的理解和传统文化的修养。所以，设计的作品形式地道，比例尺度把握较好，品位也较高。

"文化大革命"期间，尽管采取了历史虚无主义的态度对传统文化进行"大批判"，但"中国是世界革命的中心"依然透着民族主义的情绪。这时期出现了一股盛行的风气：形象比附和概念附会。正面当然是指"革命象征"，反面的则是被揭露为"含沙射影"，多少人因此而被批斗。在这股风气下，以至出现要把西红柿改名为"永红柿"的荒谬。建筑设计也出现了革命象征和寓意，郑州"二七"纪念塔用建筑面积 1923 平方米寓意"1923 年"，双塔七层寓意"二七"（后因比例不当改为九层），塔顶设两个钟（忠）亭寓意"两位烈士"；长沙火车站头顶火炬象征"星星之火可以燎原"，设计过程中，火炬飘向的方位成了问题，向西飘被指"倒向着西方"，向东又被说成"西风压倒东风"，建筑师只好让火炬冲天。被百姓戏称为"朝天辣椒"（图 2-42）。

图 2-42

郑州二七纪念馆与长沙火车站

成都拆除老皇城，建"毛泽东思想胜利万岁展览馆"（图 2-43）。

1977 年落成的毛主席纪念堂——标志着一个时代的结束（图 2-44）。

西洋古典的形制，周圈柱廊，类似林肯纪念堂；中国传统和民族风格的装饰与细部。

放在天安门广场中心的毛主席纪念堂，全面体现了之前那个时代重大"政治工程"采取的"政治挂帅"的设计思想，"集体创作"的设计方法，"领导审定"的定案方式，"不惜代价""设定工期"的施工方式。

图 2-43

成都毛泽东思想胜利万岁展览馆。

"万岁馆"的数字隐喻：

4 个柱体、分 3 段："三忠于""四无限"；10 根柱子、9 个开间：九大、"红十条"；23 步台阶：社教运动的《二十三条》；台阶总高 8.1 米："八一"南昌起义；毛主席像高 12.26 米：毛主席的生日 12 月 26 日；底座高 7.1 米：党的生日 7 月 1 日。

早在 1950 年代初，林徽因先生就批评"数字隐喻"，"建筑师不是测字先生"（关肇邺先生回忆）。

图 2-44

毛主席纪念堂

　　整个 20 世纪，中国现代建筑的核心问题就是缺少了现代主义建筑的历史发展阶段。1949 年以前没有来得及发展；1949 年以后关起了国门没有发展，甚至批判；1959 年以后是困难时期、设计革命、三线建设、"文化大革命"，20 年的"断层"。当我们 1980 年代打开国门的时候，发现现代主义已经被宣布"死亡"了，我们面对的已是"postmodern（后现代）"了！

　　现代主义建筑历史阶段的缺失已经并将继续对中国建筑带来深刻的影响。

　　图 2-45 左边是国际上 1950、1960 年代盛行的现代主义建筑，右边是 1949 年后中国建筑的"社会主义内容，民族形式"。

图 2-45

1950 ～ 1960 年代中外建筑的比较

现代主义建筑（Modernism Architecture）在西方也是对于传统建筑的巨大革命，是时代的产物，是社会历史发展阶段的必然。所以，对中国来说，发展现代主义建筑，是中国在实现现代化过程中的必经之路。现代主义这堂课是要补的。

"文化大革命"十年，《建筑学报》被停掉了，大家都上山下乡去了，对国际上的建筑发展没有了解。而这一段时期恰恰是国际上从传统意义上的现代主义向后现代变化的过程（第一章讲了），所以这段历史对我们来说是滞后了好多年才了解到的。

问题的复杂性在于：中国的很多事情要合在一起走，就像我们既要发展市场经济又要走社会主义一样。我们的历史任务并不是简单地重复西方工业革命的进程，而是将"工业社会"和"后工业社会"两步合在一起走。建筑也一样，当我们打开国门的时候，面对的是西方后现代主义思潮的那种矛盾、混乱和争执。而后现代强调历史、文脉（context）、地区、符号、语言等，跟我们之前的主流建筑意识形态很合拍。中国建筑界对后现代采取了接纳的态度。于是"文脉""符号"成了1980年代建筑创作体现中国文化传统性和民族性的新的出路，或者新的手法。

我们缺失了二战后现代主义建筑的大发展阶段，同时我们又延续了1930年代"中国本位、民族本位"的思想，1950年代"社会主义内容，民族形式"的口号，现在又接纳了"后现代"。所以整个1980年代，是混合着各种建筑思想的一个阶段。

混杂的思潮，多样的变化（1980 ~ 2000 年）

1980年代，当时的领导并没有太多地干预设计，也没有开发商的问题，应该说建筑师是有话语权的。因此，要讨论1980年代的建筑，可以讨论一下做建筑设计的人，他们在那个时候的建筑观点是什么。

我们先来看看年纪比较大的一批人，他们可能是在1950年代初之前受过建筑教育的，比如中央大学的毕业生，新中国成立初期清华大学建筑系的毕业生。这样一批人肯定都经历过国庆工程，也经历过前面1950年代的民族形式。这些人在20年的断层之后，当他们再做设计的时候，脑子里面必然还会带着"社会主义内容，民族形式"的印象。

阙里宾舍，戴念慈于1985年设计，1986年全国优秀设计一等奖（图2-46）。

图2-46

山东曲阜阙里宾舍

黄山云谷山庄，为徽州民居风格，汪国瑜、单德启于1984年设计（图2-47）。

北京图书馆新馆（1987年），大屋顶已摆脱了宫殿式，进行了简化（图2-48）。

北京菊儿胡同一期，为新式四合院样式，吴良镛于1989年设计（图2-49）。

图2-47

安徽黄山云谷山庄

图2-48

北京图书馆新馆

图 2-49

北京菊儿胡同新四合院

在历史名城西安，张锦秋开拓了一条"唐风建筑"之路，仿照唐朝建筑形式设计了一系列的公共建筑，把她的导师梁思成在扬州鉴真纪念堂的仿唐建筑承继并发展下来。如西安"三唐工程"（1984 ~ 1988 年）、陕西历史博物馆（1984 ~ 1990 年）（图 2-50）。

还有一个主力队伍应该是 1960 年代初期建筑学的毕业生，包括刘力、马国馨等。在 1980 年代，他们已经作为设计的主力了。他们对于西方、对于现代主义是怎么认识的呢？那要从中国建筑教育说起。

梁思成先生 1945 年 3 月写信给清华大学校长梅贻琦，建议清华大学成立建筑系，信中有非常重要的信息："在课程方面，生以为国内数大学现在所用教学方法，即欧美曾沿用数十年之法国 Ecole des Beaux-Arts 式之教学法（巴黎美术学院鲍扎体系），

图 2-50

西安"唐风"建筑

颇嫌陈旧。""今后课程宜参照德国 Prof. Walter Gropius（格罗皮乌斯教授）所创之 Bauhaus（包豪斯）方法。"

　　清华大学建筑系第一届学生朱自煊先生说，1946 年建筑系成立后，梁先生去美国访问讲学，1947 年从美国回来，一回来就是"包豪斯"。

　　但是，现代主义建筑教育的萌芽到中华人民共和国成立后由于全面学苏中断了，被当成西方的、资本主义的遭到了批判。

　　1956 年下半年起"大鸣大放"，建筑界的"鸣放"主要是针对前些年的建筑批判。杨廷宝先生在"鸣放"会上发言："复古主义、形式主义、结构主义我们都已经批判了，今后的建筑设计具体工作究竟应该怎么办呢？有些建筑设计工作者就执笔踌躇，莫知所从，怕扣帽子。"

有一些人提出要现代建筑，清华大学建筑系的两个学生蒋维泓、金志强在《建筑学报》发表来信文章"我们要现代建筑"，周卜颐先生在《建筑学报》撰文介绍现代建筑，并要求"现代建筑历史的编写工作，赶快着手进行。"但1957年的"反右"运动把这种对现代建筑的诉求打了下去。

《建筑学报》1956年第6期刊登清华大学建筑系学生来信（图2-51）。

图2-51

我 们 要 现 代 建 筑

蒋 维 泓、金 志 强

(清華大學建築系學生)

我們要創造建築的新形式就必須努力学習苏联和人民民主国家的先進技術以及在創造建築新形式中的丰富經驗。例如苏联維斯寧建筑師在工業建筑中所作的努力就是我們应該学習的榜样之一。此外对資本主義建筑中的某些优秀的处理办法，也必須重新給予估价与重視。

現在我們举几個例子來說明創造新形式的問題。苏联維斯寧建筑師在第聶泊河水电站的設計中采用了大玻璃窗，使得机器間通風良好，工作人員隨时可以观察窗外水位的变化情况。在建筑形式上，他运用了粗淚石的勒脚和光的牆面充分表現了水力發电的現代化工業。在匈牙利首都布達佩斯建造的航空站采用了大玻璃窗和混凝土的框架，这样乘客就可以隨时看見飛机的起飛和降落，表現了現代航空事業的嶄新面貌。此外英国哈羅新城的街坊对清水牆面的处理也是簡潔明快的。

上述例子說明社会主義建筑的新形式应該和古代有着很大差異，这是由于古代的建筑是手工業或是手工藝的产品，而社会主義所提供的新技术新材料使得建筑成为与大工業相联系的現代化

美說：这是我們的时代！而这时，米凱蘭吉像落在了我們的后面。

的確，古典的东西有許多是美的，但尘古代的东西，我們要的是現代的美。建筑師应該是創造新的东西正像設計師每年都設的汽車一样。科学技術不应該用來作为保式的工具。我們科学研究的方向是研究裝体，預制桁件、輕型的傢俱……而不是去研式大屋頂，預制斗拱，輕型的瑪叶头……学家如果用馬車的形式去装飾汽車，或者鋼鏡的缺点，那这人一定是傻子。可是，虽然有人公然主張去研究裝配式大屋頂，斗拱。

現代建筑形式的民族差異比古代要小社会進化的結果，这是由于交通閉塞，各民閉关自守的局面已不存在的結果。例如街坊和匈牙利街坊之間的差異就远比古代民差異要小的多。隨着社会的進步，民族偏见，文化交流的廣泛，到共产主義时，这利会更小，但是这絕不等于說，没有差異，因人民的爱好、習慣，地方材料和气候都不

1956年《建筑学报》收到的清华大学建筑系学生来信

　　到了 1960 年代初，形势有所变化。建筑教育比较宽松，可以看到很多现代主义的东西了。1963 年清华大学建筑系出版了《民用建筑设计原理》，其中提到许多现代建筑的名作。当时，《建筑学报》也介绍国外现代建筑。所以在 1960 年代初期受到建筑教育的人，他们受过现代主义建筑的洗礼，其中一些在 1980 年代已是主创的建筑师了。其实中国的建筑师心里大都对现代主义建筑是认同的。教师和学生对巴塞罗那博览会德国馆、流水别墅、美国驻印度大使馆等名作是欣赏的。

　　《人民日报》1961 年 7 月 6 日刊登清华大学建筑系教师吴焕加的"西方世界'现代派'建筑理论剖析"，这是吴先生当时自己留下的剪报（图 2-52）。

图 2-52

清华大学教师吴焕加介绍西方现代建筑

当时清华大学建筑系出版了自己的教材（图2-53）。

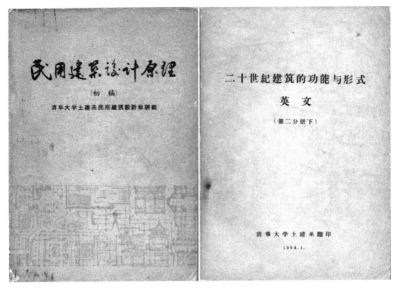

图2-53

清华大学建筑系出版的教材

　　这些在1960年代初接受建筑教育的建筑师，在1980年代做建筑设计和创作时，会很自然地把现代主义建筑的理念和风格表现出来。

　　中国国际展览中心，柴裴义于1984年设计，1986年获全国优秀设计一等奖（图2-54）。

　　1986年开始了全国优秀建筑设计的评选，第一届评出三个一等奖——阙里宾舍、中国国际展览中心和西藏拉萨饭店（援藏项目，现代建筑结合了藏族文化符号），真实地反映了当时建筑界改革开放后的状况和思想。西藏拉萨饭店由江苏省建筑设计院于1985年设计（图2-55）。

图 2-54

中国国际展览中心

图 2-55

西藏拉萨饭店

三个重要的旅馆建筑——广州白天鹅饭店（1983 年）、北京昆仑饭店（1986 年）、北京国际饭店（1987 年）（图 2-56），为1980 年代初设计，都是现代主义风格。期间还有外资的高层旅馆，如北京长城饭店（1983 年）是中国第一个全玻璃幕墙高层建筑，南京金陵饭店（1983 年）是当时中国最高的建筑，也都是现代主义建筑。

图 2-56

广州白天鹅饭店、北京昆仑饭店和国际饭店

1980 年代中国打开国门，在 20 年和国际建筑界隔绝之后，迎来的是"后现代"的建筑理论和设计手法。1980 年代一些建筑师在后现代思潮的影响下，借用"符号""变形"的设计手法，以"文脉"（context）的理念，尝试中国传统的后现代表达。最突出的是 1982 年贝聿铭在北京香山饭店设计中对中国传统性、民族性表达的尝试（图 2-57）。

贝聿铭自己认为他不属于"后现代"，还是现代主义。

上海方塔园，冯纪忠于 1982 年设计（图 2-58）。

福建武夷山庄，齐康于 1984 年设计（图 2-59）。

辽宁间山公园大门，吴焕加、汪克于 1988 年设计（图 2-60）。在斜交叉的两堵墙中间，开了一个蓟县独乐寺山门剪影的门洞。

图 2-57

贝聿铭设计的北京香山饭店

图 2-58

上海方塔园

图 2-59

福建武夷山庄

图 2-60

辽宁间山公园大门

亚运会奥体中心，马国馨于 1990 年设计（图 2-61）。

图 2-61

北京亚运会奥体中心

炎黄艺术馆，刘力于 1986 ～ 1991 年设计建成（图 2-62）。

图 2-62

北京炎黄艺术馆

　　但 20 世纪中国建筑的发展缺少"现代主义"这一历史阶段，作为对"现代主义"批判的"后现代"，在中国也就失去了批判的依据，而更多的是在中国产生了负面影响：建筑设计中理性的丧失、创作思想和批评准则的混乱、形式主义和拼贴手法的充斥、格调低下建筑的泛滥……

　　1980 年代末到 1990 年代中，北京在"夺回古都风貌"口号下出现的"夺风"建筑，高楼顶上加上小亭子，不伦不类，固然有"长官意志"在内，但其"理论依据"借助于"文脉"（一个对 context 不准确的中国式翻译）（图 2-63、图 2-64）。北京西客站"登峰造极"，在大拱门顶上放了个景山上的亭子。

　　需要指出的是，这些"夺风"建筑和 1950 年代的"大屋顶"建筑不能等同看待。开始于 1920 年代末，延续到 1950 年代末的"大屋顶"建筑是设计者怀着民族情感自愿设计的；而 1980 年代

图 2-63

高楼顶上加小亭子的"夺风建筑"。

左上：海关大楼；右上：煤炭部；左下：国资委；右下：新大都饭店

图 2-64

北京西客站

末 1990 年代初北京的"夺风"建筑，建筑师是不愿意设计成这样的，只是听命于领导的要求，加之他们对中国传统建筑和传统文化的功底比老一代建筑师也差，所以这些建筑大多无美观可言。

随着北京市市长陈希同的倒台，"夺风"建筑再无人问津，但"欧风"建筑却乘着 1990 年代中兴起的房地产大潮席卷了全国（图 2-65、图 2-66）。

一个值得思考的问题：

中国人现在要的"洋"建筑，要"欧陆风情"，为什么要的都是西方传统建筑的形式和古典的样式，而不是要西方现代主义的建筑？开发商这样，政府领导这样，暴富起来的购房者这样，富裕起来的农民也这样。

图 2-65

"欧风建筑"（一）

图 2-66

"欧风建筑"（二）

　　欧洲古典建筑的社会背景是农耕（牧）生产、手工作坊、封建贵族、帝王专制、宗教神权，是 20 世纪之前的社会。

　　为什么处在"现代化发展阶段"的中国喜欢的是人家老旧的东西？

　　然而，在 1990 年代中期以后，伴随着"文化热"，风水、签语、吉兆、口彩被当成传统文化，为上至政府领导、社会精英下到普通民众普遍地信奉，在这种理性丧失的背景下，加之设计招投标的普遍和设计市场竞争的加剧，"文化大革命"中产生的"形象比附""概念附会"和"数字隐喻"，更改了"革命"的词语，换上了"文化"的包装，在设计方案的说明和评标会上的介绍中滔滔不绝：什么"天人合一""天圆地方""阴阳和合""大鹏展翅"……，什么"龙""凤""蝴蝶""玉兰花"……以至于外国建筑师进入中国也不能免俗。而一些格调低下的世俗和媚俗建筑甚至赤裸裸地宣扬铜臭的恶俗建筑也粉墨登场，却都打着传统文化的旗号。

非常奇特的是"欧陆风情"和"传统文化"并行不悖，前者多见于房地产住宅项目；后者大都是政府主导的公共建筑项目。

上海国际会议中心，西洋式的列柱和拱形窗，两边按领导要求加上"地球仪"，上面的中国要涂成红色（图2-67）。

"白猫黑猫"的南昌八一大桥桥头堡，以纪念邓小平"文革"时落难南昌，因为邓小平有过著名的"猫论"："不管白猫黑猫，抓住耗子的就是好猫"（图2-68）。

上面的例子是"文革"的遗风，用建筑形象诠释政治。

图2-67

仿地球仪的上海国际会议中心

图 2-68

"白猫黑猫"的南昌八一大桥桥头堡

　　还有就是用建筑形象低俗地附会"中国传统文化"。例如：北
京奥运园区旁盘古大厦的"龙头"、重庆奉节的"華字塔"（后成
烂尾楼炸毁）（图 2-69），"福禄寿"象形的河北省三河市燕郊地
区天子大酒店（图 2-70），大铜钱象形的沈阳方圆大厦、河北石
家庄鹿泉市元宝塔（图 2-71）。在建筑形象上，显得审美趣味十
分低俗。

图2-69

北京盘古大厦的"龙头"与重庆奉节县的"华字塔"

图2-70

河北三河市"福禄寿三星"天子大酒店

图 2-71

沈阳方圆大厦与河北鹿泉市元宝塔

　　2010 年举办中国丑陋建筑网上评选，通过网民投票结合专家组评议，选出十大丑陋建筑（图 2-72）。

图 2-72

网上评选出的"丑陋建筑"（一）

　　之后网上评选"十大丑陋建筑"的活动，每年举办，参加的人越来越多。综合网民投票选择的对象，挑选出的建筑大都是：使用功能极不合理；抄袭、"山寨"，低劣地仿洋、仿古；"东—西"拼凑的大杂烩；拙劣的象征、隐喻；拜金主义、迎合低俗。

　　"大铜钱"的沈阳方圆大厦入选美国有线电视（CNN）2012年1月评选的全球最丑十大建筑；4月再次入围英国《卫报》世界最丑建筑评选，排名第四。

　　2013年网络评选出的"丑陋建筑"（图2-73）。

图2-73

网上评选出的"丑陋建筑"（二）

　　这股以中国传统文化中的糟粕的沉渣泛起和世风低俗、金钱与权力泛滥为背景的，不从建筑学的基本原理和形式规则出发，致力于"形象比附"和"概念附会"的歪风，极大地降低了中国建筑的品位，损害了中国建筑设计的健康发展。

　　而许多建筑师本意上并不愿意这样，并不喜欢这些低俗的东西，但又不得不揣摩领导和业主的心思，投其所好，这实在是一种悲哀。

2004 年 4 月参加武汉机场新候机楼方案评审，各投标方的设计"概念"大都来自"形象比附"。

美国建筑师在介绍其"九头鸟"方案时说，"'天上九头鸟，地上湖北佬'，九头鸟象征湖北人的活力"（图 2-74 上）。

日本著名建筑师黑川纪章的方案是荷叶，"武汉有东湖，东湖有荷叶，我的方案来自荷叶的联想"（图 2-74 下）。

图 2-74

武汉机场新候机楼的"九头鸟"和"荷叶"方案

中国的一家设计单位在方案介绍时说,"楚国有大鸟,三年不飞,一飞冲天,三年不鸣,一鸣惊人。我们的方案是楚国的凤"。

评审专家组没有采用这类方案,而是选中了一个功能合理、结构清晰的现代建筑形式的方案,盖好后社会评价较好(图 2-75)。

图 2-75

建成后的武汉机场第二航站楼

法国建筑师安德鲁在设计了北京的国家大剧院后,在上海设计了东方艺术中心(玉兰花形)(图 2-76 左),在成都设计了行政中心(荷花形)(图 2-76 右)。这时他对中国的"形象比附"和领导喜好已很了解。

但是,一些建筑师沿着现代主义的发展进行建筑创作(图 2-77、图 2-78)。新建建筑也开始发生风格变化(图 2-79)。

三个时代的国家图书馆:美国建筑师 Moller 设计、1927 年建成的"京师图书馆"(图 2-80 左上);中国"五老建筑师"设计、

1987年建成的中国国家图书馆老馆（图2-80右上）；德国KSB建筑设计事务所设计、2008年建成的中国国家图书馆新馆（图2-80下）。

图2-76

上海东方艺术中心与成都行政中心

图2-77

中国建筑师设计的现代主义风格的建筑（一）

图 2-78

中国建筑师设计的现代主义风格的建筑（二）

图 2-79

北京金融街建筑风格的变化和北京 CBD。

上：北京金融街一期（后现代流行）和二期的变化（现代主义回归）；

下：北京 CBD（商务中心区），2000 年开始建设

图 2-80

三个时代的国家图书馆

　　图 2-81 从左到右：中央广播电视塔，总高 405 米（1987 ～ 1992 年），广播电影电视部设计院设计；上海广播电视塔，塔高 468 米（1991 ～ 1995 年），华东建筑设计院设计；广州新电视塔，总高 600 米（2004 ～ 2009 年），荷兰 IBA 事务所设计。

图 2-81

北京、上海、广州的电视塔

　　中央广播电视塔用灯笼表现中国属性和北京特色，晚上，如同一个大红灯笼挂在空中；上海电视塔用串起的球体表示"东方明珠"；广州电视塔在 13 个参赛方案中脱颖而出，是因为具有中国古典的美，昵称"小蛮腰"。从这 3 个建筑中可以看出 20 年内中国建筑在表达中国传统性和民族性方面的时代演进和地域特征。

　　北京东二环西侧的办公楼，世纪之交拆迁内城旧城区建成。而东二环东侧的高楼是在城外，1980 年代后期到 1990 年代中期拆迁平房区而建。两相比较可以看出十余年间北京建筑风格形式的变化（图 2-82、图 2-83）。

　　前卫建筑在中国开始出现，如：扎哈·哈迪德设计的广州大剧院（图 2-84 左上）；南京的青奥会会议中心（图 2-84 右上）；北京的银河 SOHO（图 2-84 下）。

图 2-82

北京东二环东侧 1990 年代的建筑

图 2-83

北京东二环西侧 2000 年代的建筑

图 2-84

广州大剧院、南京青奥会会议中心、北京银河 SOHO

　　扎哈·哈迪德是伊拉克裔的英国女建筑师，是"解构主义"的主将，进入新世纪后，红遍世界。她在中国设计了多个大型项目，最后一个是北京新机场的航站楼方案（图 2-85）。但扎哈看不到它建成了，她在 2016 年 3 月因心脏病去世。

图 2-85

北京新机场的航站楼方案

　　北京凤凰传媒中心，北京市设计院邵伟平于 2009 ～ 2012 年设计建成（图 2-86）。总体构思是"莫比乌斯带"，曲线钢架的外壳包裹了两个常规结构形式的功能体量。变幻的公共空间和卷绕、交错的曲线构架，没有附加的装饰，简洁、精致，又充满激情和活力。这个建筑实现了邵伟平预定的目标："创作一个技术美和艺术美共存的标志性建筑。"

　　哈尔滨大剧院，马岩松于 2010 ～ 2016 年设计建成（图 2-87）。

　　湖北青龙山恐龙蛋遗址博物馆，李保峰于 2011 ～ 2013 年设计建成（图 2-88），入选著名建筑媒体 Dezeen 评选出的 2016 年"全球十佳公共建筑"。

图 2-86

北京凤凰传媒中心

图 2-87

哈尔滨大剧院

图2-88

湖北青龙山恐龙蛋遗址博物馆

中国建筑之路的探索

　　一个在北京王府井大街上为"现代"商标做的流动广告——
"不管中国的，还是国际的，只要现代就好"。这也道出了这个时
代社会的声音（图2-89）。

　　美国《时代周刊》2004年5月3日的封面（图2-90）——
"中国的新梦景"（China's New Dreamscape），世界上"最幻想"
（visionary）的建筑师正以前所未有的巨大建筑改变着中国的形象。
代表案例如外国建筑师设计的三大工程项目（图2-91）。

图2-89

"只要现代就好"

图2-90

美国《时代周刊》（*Time*）2004 年 5 月 3 日的封面

图2-91

外国建筑师设计的北京三大建筑。
左上：国家大剧院，法国，保罗·安德鲁；左下：北京奥运会主场馆"鸟巢"，
瑞士，赫尔佐格＆德梅隆；右：中央电视台（CCTV）新楼，荷兰，库哈斯

　　争论它们的建筑形象是得不出什么结论的，因为现在建筑的审美是多元化的。像国家大剧院那个巨蛋的方案，安德鲁是最后才拿出来的，当这个方案拿到建筑专家组评议的时候，一半的人支持，支持者强烈支持；一半的人反对，反对者强烈反对，两边都有院士、都是建筑专家。"鸟巢"和CCTV都是由专家组成的评选委员会选出的。

　　但是这三个建筑在功能、结构的处理上都存在明显不足，在这些方面都说不上是优秀的，只能说建筑形式是新奇的。然而这三大建筑都超出最初预算一倍多，三个建筑总共超出100亿元人民币。100亿元是什么概念？如果说我们一个农民家庭一年的收入是1万元的话（那些年的收入），那么就相当于100万个农民家庭一年的收入。只是为了建筑形式，而多花那么多钱，是否应

该？这已是"建筑伦理学"的范畴。

CCTV 新大楼建筑面积为 50 万平方米，原来预算 50 亿元，1 万块钱 1 平方米的造价，已经不低，库哈斯这个设计造价要 100 亿元，超了一倍。两个塔楼是斜的，而电梯井是要垂直的，顶上悬挑出 60 多米，结构上并不经济，用钢量大大增加，消防疏散方面也带来一定问题。

国家大剧院 1998 年第一轮国际竞赛共有 40 多个参赛方案。评委会认为没有一个可以直接选用的，评选出 5 个方案供参考（图2-92）。设计方分别是：日本的矶崎新（左上），法国的保罗·安德鲁（右上），英国的泰瑞·法罗（左下），德国的 HPP 事务所（下中），中国的建设部设计院（右下）。

图 2-92

国家大剧院第一轮竞赛入选方案

接着又进行了第二轮竞赛，此前 5 家又加上 10 家中外设计单位，从 15 个参赛方案中又评选出 5 个，分别是法国的保罗·安德鲁、英国的泰瑞·法罗、清华大学建筑设计研究院、北京市建筑设计院、奥地利的汉斯·霍莱茵的设计方案。评委会认为仍然没有一个可以直接选用的，并宣布国际竞赛到此结束。

随后，大剧院业主委员会组织三家外国设计公司——法国的安德鲁、英国的泰瑞·法罗和加拿大的卡洛斯，与中国的清华大学建筑设计研究院、北京市建筑设计院、建设部设计院一对一组成三个中外联合设计组。又经过两轮设计，选出法国的安德鲁、清华大学建筑设计研究院和英国的泰瑞·法罗与北京市建筑设计院合作设计共三个方案，上报中央（图 2-93）。最后确定法国的保罗·安德鲁的椭球形方案。

图 2-93 上面三图是三家各自的第二轮参赛方案，下面三图是分组设计最后向中央提交的方案。

图 2-93

中外联合设计组备选的三个方案。
左：法国安德鲁方案；中：清华大学建筑设计研究院方案；右：英国的泰瑞·法罗与北京市建筑设计院合作方案

图 2-94 是法国机场设计公司保罗·安德鲁设计的中国国家大剧院的方案演变和最终建成的形象。

实施后，原方案中屋顶的黑色改成银灰色，这是考虑了中国人的喜好。但原方案中有两点未能实现：一是水池的标高提高了，在长安街上看不见水面、倒影，要绕到入口后面平台上才见到水面，在长安街上看到的只是一个放大的"地铁入口"；二是水下入口通道不是透明的水中通道，而是地下通道，只是玻璃顶棚上有

图 2-94

国家大剧院实施方案

一层浅浅的水。

　　关于 CCTV 大楼，库哈斯在清华大学座谈时说："我的方案是根据中国国情设计的。"他还说过："我们给你们的，就是你们中国想要的。"

　　"我如果在欧美设计一个电视总部大楼，不会这样设计。""但是你们中央电视台是要代表中央的，代表国家的，要有代表性，要雄伟，要宏大。我的方案很满足你们的要求。"

　　他对秦佑国提出的问题："你是否想在北京建一个类似于悉尼歌剧院这样的建筑？"回答说："不是，也是。"

　　"在悉尼歌剧院建成之前，悉尼没有什么（is nothing），歌剧院建成后，悉尼出名了，这叫一个城市因一个建筑而出名。""北京作为一个世界著名的历史文化名城，已经有了代表北京的标志性建筑，紫禁城、天安门广场、长城，不需要新的，就像巴黎、罗马，不需要。""但在北京 CBD，几百栋高楼中，我就是landmark，与其让别人做，为什么不让我做！"

一个城市的标志性建筑（landmark）有"排他性"。一个城市因为历史、名人、环境等因素，已经有了可以代表这个城市的"地标"（landmark），并得到普遍和长期的认可，则不需要再有。巴黎的"地标"就是巴黎圣母院、埃菲尔铁塔，20 世纪巴黎盖多少新建筑，都取代不了。北京盖了多少大建筑，例如奥运建筑，当时都说是北京的"新地标"。但现在每天参观故宫的人太多，要限制，而参观"鸟巢""水立方"的又有多少人呢？

在世纪交替之时，也在进行着设计人才的交替，"文革"后入学的建筑系毕业生（当时全国只有不到 20 所大学有建筑系）已经成为中国建筑设计的主力军，其中的骨干经过 20 年的实践，其中大都又有国外学习的经历，他们的学识、眼界和思考都已超过了在"文革"前毕业的前一辈人。在这些人可以自主发挥的场合（往往是外部干预较少和业主愿意配合），会创作出很好的作品，不迎合、不媚俗，现代审美、现代设计，却又透着中国意蕴，有文化、有品位。例如：刘家琨，四川鹿野苑石刻艺术博物馆（2002 年，图 2-95）；周凯，天津冯骥才文学艺术馆（2001 ～ 2005 年），获 2014 年亚洲建筑师协会金奖（图 2-96）；王戈，深圳万科第五园（2005 年，图 2-97）；李晓东，云南丽江玉湖小学（2004 年，图 2-98），获 2005 年联合国教科文组织亚太地区文化遗产奖评委会创新大奖、2005 ～ 2006 年度亚洲建筑师协会建筑金奖。

图 2-95

四川鹿野苑石刻艺术博物馆

图 2-96

天津冯骥才文学艺术馆

图 2-97

深圳万科第五园住宅

图 2-98

云南丽江玉湖小学

联合国教科文组织评审团评语："玉湖小学获评审团的青睐是因其精美的设计,运用当代建筑实践巧妙地诠释了传统建筑环境。其对地方材料的大胆运用及极富创意地演绎乡土建造技术不仅创造出一个具有震撼力的形式,也把可持续建造设计推进了一步。"

李晓东的桥上小学(2009年),2010年获阿卡汗奖(图2-99)。

图2-99

福建漳州下石村桥上小学

王澍设计了宁波历史博物馆(2005～2009年,图2-100左上)、宁波五散房(2006年,图2-100右上)、杭州中国美术学院象山校区(2004～2009年,图2-100下),2011年获普利兹克建筑奖。

马清运设计了玉山石柴(父亲的家)(1999～2004年,图2-101左)、井宇山庄(2006年,图2-101右上)、上海朱家角行政中心(2006年,图2-101右下)。

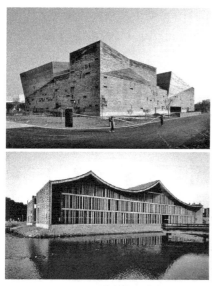

图 2-100

王澍的设计作品

图 2-101

马清运的设计作品

单军设计了钟祥博物馆（2007～2012年，图2-102）。

图2-102

湖北钟祥博物馆

　　1996年年底出了一本轰动世界且争议激烈的书——《文明的冲突》，作者亨廷顿在书中用一个图示描述"非西方国家"（发展中国家）现代化的过程：拒绝主义不要西方化，也不要现代化，停留在A点；民族主义者希望只现代化，不要西方化，沿平行于横轴的方向A－C前进；殖民主义者只要西方化，沿平行于纵轴的方向A－D变化；而作者认为发展中国家在现代化的过程中，不可避免地会发生西方化，也就是沿一条斜线A－B发展；但他接着说，光看到这一点还不够，当这个发展中国家的现代化达到一定程度后，其必然要召唤自己的传统文化和民族精神，此后随着其现代化的进一步发展，西方化会降低，走一条先升后降的曲线A－E（图2-103）。

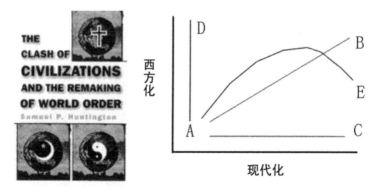

图 2-103

《文明的冲突》书中的插图

亨廷顿在这里把"西方化"和"现代化"作为两个坐标变量。"西方化"是地域、文化的范畴,"现代化"是时代、发展的范畴。晚清时期的守旧派是"拒绝主义",不要西方化,也不要现代化,他们把两者等同起来;五四新文化运动初期,"全盘西化"论,认为要现代化就要接受西方化,也是把两者等同起来。后来逐渐认识到,西方列强的强盛是他们在现代化上"先行一步",第一次世界大战使得中国的知识精英看到了西方文明的不足。但西方国家的现代化走在前面,发展中国家在后起的现代化过程中不可避免地会受到西方化的影响。再有,不同文明、文化之间的交流(包括冲突、斗争)也是历史的必然。

尽管对亨廷顿全书的观点和结论很有争议,但这张言简意赅的图示足显他深刻的战略洞察力和历史概括力。近百年来中国现代建筑走过的路及其各种观点,都可以在图中找到轨迹。而且可以相信,当中国的现代化达到一定程度后,中国建筑必然要召唤传统文化和民族精神,但不会是也不应该是历史的重演。

中国现代建筑的传统性与民族性的表达,需要跳出具体的形象,跳出习用的词语,在对中国传统建筑文化和审美意识进行深入的批判性（哲学意义上的批判）认识的基础上，要作抽象的思辨和精神的凝练，要挖掘中国传统文化和艺术中可以和现代艺术与审美契合的精神遗产。其中，先秦诸子的哲学、禅宗思想、历代文人美学（关于诗、书、画的理论）三个方面值得研究。

冯友兰在《中国哲学简史》（由 1948 年在哥伦比亚大学的讲稿翻译）中说：

"儒家以艺术为道德教育的工具"，道家"对于精神自由运动的赞美，对于自然的理想化，使得中国的艺术大师们受到深刻的启示"。

"禅宗是中国佛教的一支，它真正是佛学和道家哲学最精妙之处的结合。""它对中国哲学、文学、艺术的影响，却是深远的。"

中国文人美学，古代的著述很多，但近代王国维的《人间词话》很值得阅读。王国维集中国古典学术与西方近代哲学、美学研究于一身。《人间词话》是中国近代文学、美学研究的里程碑。王国维在《人间词话》中写道：

"言气质、言格律、言神韵，不如言境界。""故能写真景物、真感情者，谓之有境界。""有有我之境，有无我之境。"

"诗人对宇宙人生，须入乎其内，又须出乎其外。入乎其内，故能写之；出乎其外，故能观之。入乎其内，故有生气；出乎其外，故能高致。"

"词忌用代字"，写景抒情须"不隔"。"大家之作，其言情也必沁人心脾，其写景也必豁人耳目。其辞脱口而出，无矫揉装束之态。"

要摒弃传统文化和世俗文化中的糟粕，摆脱"形象比附""概念附会""数字隐喻""谐音转义"那些浅陋、低俗的套路，探索能和现代建筑艺术和审美意识契合的，在精神、意境层面上表达中国的建筑创作之路。做到：

"不是"——形象上、技术上不是；

"就是"——精神上、意境上就是。

图片来源①

第一章

图 1-1：网络下载

图 1-2：网络下载

图 1-3：（美）马文·特拉亨伯格（Marvin Trachtenberg），伊莎贝尔·海曼（Isabelle Hyman）.西方建筑史——从远古到后现代（原书第 2 版）[M].王贵祥，青锋，周玉鹏，包志禹 译.北京：机械工业出版社，2011：494，495.

图 1-4：威廉 J·R·柯蒂斯.20 世纪世界建筑史 [M].北京：中国建筑工业出版社，2011：55，58.

图 1-5：吴焕加.20 世纪西方建筑 [M].郑州：河南科学技术出版社，1998：63，64.

图 1-6：威廉 J·R·柯蒂斯.20 世纪世界建筑史 [M].北京：中国建筑工业出版社，2011：64，65.

图 1-7：周宏智.西方现代艺术史 [M].北京：中国建筑工业出版社，2010.

图 1-8：吴焕加.20 世纪西方建筑 [M].郑州：河南科学技术出版社，1998：89，90.

图 1-9：（美）马文·特拉亨伯格（Marvin Trachtenberg），伊莎贝尔·海曼（Isabelle Hyman）.西方建筑史——从远古到后现代（原

---

① 本书图片来源已一一注明，虽经多方努力，仍难免有少量图片未能厘清出处，联系到原作者或拍摄人，在此一并致谢的同时，请及时与编者或出版社联系。

书第 2 版）[M]. 王贵祥，青锋，周玉鹏，包志禹 译. 北京：机械工业出版社，2011：511.

图 1-10：威廉 J·R·柯蒂斯. 20 世纪世界建筑史 [M]. 北京：中国建筑工业出版社，2011：157.

图 1-11：威廉 J·R·柯蒂斯. 20 世纪世界建筑史 [M]. 北京：中国建筑工业出版社，2011：101，104.

图 1-12：威廉 J·R·柯蒂斯. 20 世纪世界建筑史 [M]. 北京：中国建筑工业出版社，2011：194.

图 1-13：网络下载

图 1-14：作者自摄

图 1-15：左为作者自摄，右为网络下载

图 1-16：右下为作者自摄，其他为网络下载

图 1-17：作者自摄

图 1-18：威廉 J·R·柯蒂斯. 20 世纪世界建筑史 [M]. 北京：中国建筑工业出版社，2011：124.

图 1-19：吴焕加 .20 世纪西方建筑 [M]. 郑州：河南科学技术出版社，1998：140.

图 1-20：威廉 J·R·柯蒂斯. 20 世纪世界建筑史 [M]. 北京：中国建筑工业出版社，2011：344.

图 1-21 ~ 图 1-23：网络下载

图 1-24：吕富珣. 苏俄前卫建筑 [M]. 中国建筑工业出版社，1994：225.

图 1-25：网络下载

图 1-26：威廉 J·R·柯蒂斯 .20 世纪世界建筑史 [M]. 北京：中国建筑工业出版社，2011：356.

图 1-27、图 1-28：网络下载

图 1-29：威廉 J·R·柯蒂斯 .20 世纪世界建筑史 [M]. 北京：中国建筑工业出版社，2011：358.

图 1-30：网络下载

图 1-31：威廉 J·R·柯蒂斯 .20 世纪世界建筑史 [M]. 北京：中国建筑工业出版社，2011：408，409.

图 1-32：吴焕加 .20 世纪西方建筑 [M]. 郑州：河南科学技术出版社，1998：167.

图 1-33：吴焕加 .20 世纪西方建筑 [M]. 郑州：河南科学技术出版社，1998：166.

图 1-34：右下为网络下载，其他为作者自摄

图 1-35：威廉 J·R·柯蒂斯 .20 世纪世界建筑史 [M]. 北京：中国建筑工业出版社，2011：414，415.

图 1-36：左上为网络下载，其他为作者自摄

图 1-37：网络下载

图 1-38：作者自摄

图 1-39：左上为作者自摄，其他为网络下载

图 1-40：网络下载

图 1-41：作者自摄

图 1-42：左下为作者自摄，其他为网络下载

图 1-43：作者自摄

图 1-44 ~ 图 1-49：网络下载

图 1-50：作者自摄

图 1-51、图 1-52：网络下载

图 1-53：威廉 J·R·柯蒂斯 .20 世纪世界建筑史 [M]. 北京：中国建筑工业出版社，2011：500.

图 1-54：威廉 J·R·柯蒂斯 .20 世纪世界建筑史 [M]. 北京：中国

建筑工业出版社，2011：500，501.

图 1-55：网络下载

图 1-56：威廉 J·R·柯蒂斯．20 世纪世界建筑史 [M]．北京：中国建筑工业出版社，2011：400，516.

图 1-57：网络下载

图 1-58：右下为作者自摄，其他为网络下载

图 1-59：吴焕加．20 世纪西方建筑 [M]．郑州：河南科学技术出版社，1998：197.

图 1-60：网络下载

图 1-61：王天锡．贝聿铭 [M]．北京：中国建筑工业出版社，1993.

图 1-62：左上为作者自摄，其他为网络下载

图 1-63、图 1-64：网络下载

图 1-65：马国馨．丹下健三 [M]．北京：中国建筑工业出版社，1996.

图 1-66、图 1-67：网络下载

图 1-68：网络下载

图 1-69：作者自摄

图 1-70：威廉 J·R·柯蒂斯．20 世纪世界建筑史 [M]．北京：中国建筑工业出版社，2011：603.

图 1-71：吴焕加．20 世纪西方建筑 [M]．郑州：河南科学技术出版社，1998.

图 1-72：左下为作者自摄，其他为网络下载

图 1-73：左上为网络下载，其他为作者自摄

图 1-74：右下为作者自摄，其他为网络下载

图 1-75：威廉 J·R·柯蒂斯．20 世纪世界建筑史 [M]．北京：中国建筑工业出版社，2011：600.

图 1-76、图 1-77：网络下载

图 1-78：窦以德等 . 诺曼 · 福斯特 [M]. 北京：中国建筑工业出版社，1997.

图 1-79：网络下载

图 1-80：大师系列丛书编辑部 . 马里奥 · 博塔的作品与思想 [M]. 北京：中国电力出版社，2005.

图 1-81：大师系列丛书编辑部 . 阿尔多 · 罗西的作品与思想 [M]. 北京：中国电力出版社，2005.

图 1-82：大师系列丛书编辑部 . 理查德 · 迈耶的作品与思想 [M]. 北京：中国电力出版社，2005.

图 1-83：大师系列丛书编辑部 . 安藤忠雄的作品与思想 [M]. 北京：中国电力出版社，2005.

图 1-84：网络下载

图 1-85：大师系列丛书编辑部 . 伯纳德 · 屈米的作品与思想 [M]. 北京：中国电力出版社，2005.

图 1-86：大师系列丛书编辑部 . 彼得 · 艾森曼的作品与思想 [M]. 北京：中国电力出版社，2005.

图 1-87：大师系列丛书编辑部 . 丹尼尔 · 里伯斯金的作品与思想 [M]. 北京：中国电力出版社，2005.

图 1-88：大师系列丛书编辑部 . 弗兰克 · 盖里的作品与思想 [M]. 北京：中国电力出版社，2005.

图 1-89：作者自摄

图 1-90：网络下载

图 1-91、图 1-92：大师系列丛书编辑部 . 赫尔佐格和德梅隆的作品与思想 [M]. 北京：中国电力出版社，2005.

图 1-93：大师系列丛书编辑部 . 圣地亚哥 · 卡拉特拉瓦的作品与

思想 [M]. 北京：中国电力出版社，2005.

图 1-94：左为作者自摄，右为网络下载

图 1-95：网络下载

第二章

图 2-1 ～图 2-5：北京老照片

图 2-6：网络下载

图 2-7、图 2-8：清华、燕京校史照片

图 2-9：清华校史照片

图 2-10：燕京校史照片

图 2-11 ～图 2-23：网络下载

图 2-24：清华大学建筑学院资料室提供

图 2-25 ～图 2-27：网络下载

图 2-28、图 2-29：清华大学建筑学院资料室提供

图 2-30、图 2-31：网络下载

图 2-32：清华大学建筑学院资料室提供

图 2-33、图 2-34：网络下载

图 2-35：反对建筑中的浪费现象 [N]. 人民日报，1955-3-28.

图 2-36、图 2-37：网络下载

图 2-38：赵冬日. 从人民大会堂的设计方案评选来谈新建筑风格的成长 [J]. 建筑学报，1960（2）.

图 2-39 ～图 2-46：网络下载

图 2-47：清华大学建筑学院资料室提供

图 2-48：黄克武，翟宗璠. 北京图书馆新馆设计 [J]. 建筑学报，1988（1）.

图 2-49：清华大学建筑学院资料室提供

图 2-50：网络下载

图 2-51：蒋维泓，金志强.我们要现代建筑 [J].建筑学报，1956（6）.

图 2-52：吴焕加

图 2-53：清华大学建筑学院资料室提供

图 2-54：中国国际展览中心 [J].建筑学报，1986（11）.

图 2-55、图 2-56：网络下载

图 2-57：顾孟潮.北京香山饭店建筑设计座谈会 [J].建筑学报，1983（3）.

图 2-58：冯纪中.方塔园规划 [J].建筑学报，1981（7）.

图 2-59：网络下载

图 2-60：清华大学建筑学院资料室提供

图 2-61：北京亚运会奥体中心 [J].建筑学报，1990（9）.

图 2-62 ~ 图 2-73：网络下载

图 2-74：作者自摄

图 2-75 ~ 图 2-85：网络下载

图 2-86：北京设计院提供

图 2-87：网络下载

图 2-88：李保峰提供

图 2-89：网络下载

图 2-90：美国《时代周刊》（2004 年 5 月 3 日）.

图 2-91 ~ 图 2-102：网络下载

图 2-103:(美) 塞缪尔·亨廷顿.文明的冲突与世界秩序的重建 [M].北京：新华出版社，2002.

图书在版编目（CIP）数据

建筑的文化理解——时代的反映 / 秦佑国编著. — 北京：中国建筑工业出版社，2017.12（2021.1重印）
（建筑科普丛书）
ISBN 978-7-112-21630-7

Ⅰ.①建… Ⅱ.①秦… Ⅲ.①建筑艺术 — 世界 Ⅳ.① TU-861

中国版本图书馆CIP数据核字（2017）第305075号

责任编辑：李　东　陈海娇
责任校对：焦　乐

建筑科普丛书
中国建筑学会　主编
建筑的文化理解——时代的反映
秦佑国　编著
　*
中国建筑工业出版社出版、发行（北京海淀三里河路9号）
各地新华书店、建筑书店经销
北京京点图文设计有限公司制版
北京建筑工业印刷厂印刷
　*
开本：880×1230毫米　1/32　印张：5½　字数：133千字
2018年4月第一版　2021年1月第二次印刷
定价：29.00元
ISBN 978-7-112-21630-7
　　　（31197）